国家科学技术学术著作出版基金资助出版

简明核应急心理学

Concise Psychology of Nuclear and Radiological Emergency Response

刘玉龙　孔　明　主编

苏州大学出版社
Soochow University Press

图书在版编目（CIP）数据

简明核应急心理学 / 刘玉龙，孔明主编. -- 苏州 ：苏州大学出版社，2024. 9
国家科学技术学术著作出版基金项目
ISBN 978-7-5672-4613-3

Ⅰ. ①简… Ⅱ. ①刘… ②孔… Ⅲ. ①核工程-危机管理-心理学 Ⅳ. ①TL7-05

中国国家版本馆 CIP 数据核字（2024）第 065668 号

简明核应急心理学

Jianming He Yingji Xinlixue

刘玉龙　孔　明　主编

责任编辑　赵晓嬿

苏州大学出版社出版发行
（地址：苏州市十梓街 1 号　邮编：215006）
苏州市古得堡数码印刷有限公司印装
（地址：苏州市高新区御前路 1 号 3 幢　邮编：215011）

开本 700 mm×1 000 mm　1/16　印张 14. 5　字数 179 千
2024 年 9 月第 1 版　2024 年 9 月第 1 次印刷
ISBN 978-7-5672-4613-3　定价：56. 00 元

图书若有印装错误，本社负责调换
苏州大学出版社营销部　电话：0512-67481020
苏州大学出版社网址　http://www.sudapress.com
苏州大学出版社邮箱　sdcbs@ suda. edu. cn

谨以此书

纪念江苏核电有限公司职业卫生科原科长温晋爱女士，感谢她生前为完善本书书稿所作的贡献！

——本书编委会

编委会

主　编

刘玉龙　苏州大学附属第二医院

孔　明　苏州大学教育学院

编　委

刘罕隽　苏州大学附属第二医院

贾净雅　苏州大学附属第二医院

马　楠　苏州大学附属第二医院

吴铁钧　苏州大学教育学院

李　敏　苏州艾丁心理咨询服务有限公司
　　　　苏州市姑苏区艾丁心理研究中心

肖天晴　苏州艾丁心理咨询服务有限公司
　　　　苏州市姑苏区艾丁心理研究中心

吴震卿　苏州卫生职业技术学院

曾　妍　苏州城市学院

内容简介

当心理学遇上了核应急，便知许多担心从“核”而来。在广义的概念中，心理学是一门研究人类心理现象及其影响下的精神功能和行为活动的科学，融合了鲜明的理论性和应用性。核安全是核能事业持续健康发展的生命线，核应急则是其重要保障。随着核能的发展和核技术的广泛应用，加之国际上核爆炸和核恐怖的威胁，核应急的重要性日益凸显。然而，人们对核与辐射知之甚微，甚至存在很大的误解和不必要的担心，在此背景下，核应急心理学应运而生。

本书旨在关注人民的生命健康，以心理学为基础，结合国际上近 30 年对核辐射与核应急的研究与实践成果，系统探讨核应急情境下个体及群体的心理应激反应以及干预策略与措施。本书重点围绕核事故中的心理应激反应、核应急心理危机评估和危机干预以及核应急心理健康促进、核应急与公众心理沟通等方面展开。作者在力求保证覆盖经典内容和理论的同时，努力把核应急心理学的应用实践及展望容纳进来，兼顾理论性和实践性。本书较为系统地构建了核应急心理学的学科体系，是一本具有创新价值的核应急与心理学交叉的应用技术著作。

目　录

Contents

第一章　核应急与心理学

1.1　核与核辐射

原子核，简称“核”，位于原子的核心部分，由质子和中子两种微粒构成。原子核在裂变、衰变等核反应过程中释放出的各种微观粒子、电磁辐射或能量，被称作核辐射。核爆炸和核事故都伴随着核辐射。就人类生存的环境来说，核辐射的来源有两个，分别是天然辐射源和人工辐射源。天然辐射源包括来自大气层外的宇宙辐射和地壳物质中存在的天然放射性核素产生的陆地辐射。人工辐射源是人类出于各种目的通过各种方式制造出来的辐射源，包括核武器爆炸、医疗照射、放射性同位素的生产和应用等。

我国参照国际原子能机构的有关规定，按照放射源对人体健康和环境的潜在危害程度，将其从高到低分为Ⅰ、Ⅱ、Ⅲ、Ⅳ、Ⅴ共5类，其中Ⅴ

类放射源的下限活度值为该种核素的豁免活度。Ⅰ类放射源为极高危险源（没有防护的情况下，接触这类源几分钟到1小时就可致人死亡），Ⅱ类放射源为高危险源（没有防护的情况下，接触这类源几小时至几天可致人死亡），Ⅲ类放射源为危险源（没有防护的情况下，接触这类源几小时就可对人造成永久性损伤，接触几天至几周也可致人死亡），Ⅳ类放射源为低危险源（基本不会对人造成永久性损伤，但对长时间、近距离接触这类放射源的人可能造成可恢复的临时性损伤），Ⅴ类放射源为极低危险源（不会对人造成永久性损伤）。

放射源从生产、运输、使用、贮存到回收过程中都应注意辐射防护。凡是采取了安全保护措施、正常使用的放射源，对人体基本是没有危害的。

射线装置通常是指在接通电源后能够产生X射线、电子流、质子流的人造装置，包括X射线机、加速器等。

射线装置在工作时才会发出放射线，因此是防护的重点。

我国根据射线装置对人体健康和环境可能造成危害的程度，将其从高到低分为Ⅰ、Ⅱ、Ⅲ共3类，并按照使用用途分为医用射线装置和非医用射线装置。Ⅰ类装置为高危险射线装置，事故发生时可以使短时间受照人员产生严重放射损伤甚至死亡，或对环境造成严重影响，如能量大于100兆电子伏的加速器。Ⅱ类装置为中危险射线装置，事故发生时可以使受照人员产生较严重的放射损伤，大剂量照射甚至导致死亡，如放射治疗用X射线、电子束加速器。Ⅲ类装置为低危险射线装置，事故发生时一般不会造成受照人员的放射损伤，如医用X射线机、CT机等。

1.2　核事故

1.2.1　切尔诺贝利的阴影

1986 年 4 月 26 日凌晨 1 时 24 分，位于苏联基辅市（现乌克兰基辅市）的切尔诺贝利核电站 4 号机组在进行维护测试过程中发生严重事故并引发爆炸和火灾，机组和厂房在事故中遭到完全损坏，数吨强辐射物质泄漏，核尘埃飘散，致使俄罗斯、乌克兰和白俄罗斯境内的许多地区遭到核辐射严重污染，甚至在瑞典、法国、意大利等多个国家都检测到了大量放射性尘埃。爆炸威力相当于 500 颗 1945 年投到日本广岛和长崎的原子弹，喷出近 190 吨放射性物质和 8 吨放射性燃料。大火燃烧了 2 周，700 万人受到辐射，数千人遭受过量辐射，被污染的土地达数亿公顷。

根据苏联官方事后公布的材料，爆炸在发生后 3 个月内造成 31 名工作人员死亡，此后 15 年内由核事故导致的死亡人数可达 60~80 人，134 人罹患各种严重的辐射疾病，11.6 万当地居民在事故后被迫从核电站周围半径 30 千米的范围内迁出（此后移民共增加至 23 万人）。苏联政府为消除事故影响，动用了大量人力物力，历经数月才控制住火势并最终终止链式反应，共有 60 多万人先后参与事故处理。然而，切尔诺贝利核事故所造成的直接死亡人数、由辐射因素致病的人数以及事故造成的生态和经济后果至今仍然是各界争论的焦点问题。根据官方统计，到目前为止事故造成的死亡人数为 4 000 多人，而绿色和平组织认为死亡人数至少有 9 万多人，两者相差 20 多倍。

到目前为止，还没有研究者个人和组织对切尔诺贝利核事故所造成的各种损失进行过精确统计和计算。原因很简单，它所涉及的面太广，无论是直接的还是间接的损失，根本无法精确计算，足见切尔诺贝利核事故给生活在这片土地上的人们带来了多么深重的灾难。

在此后的公众核电知识教育中，切尔诺贝利核事故成为必修课。核电站附近95%以上的居民知道切尔诺贝利核事故，并因担心其邻近的核电站发生类似的事故危及生命财产安全，而对当地的核电站建设采取抵触态度，核电的发展至今仍受其影响。切尔诺贝利成为核事故的代名词，许多人在心理方面深受该事故的影响。由于切尔诺贝利核事故带来的精神上、心理上的不安、恐惧和压力，许多人对核能利用产生了偏见和误解，形成了“切尔诺贝利阴影”：只要与核有关的事物都是非常危险、不可防护和控制的，会危及个人生命和财产安全；当自己与核电建设有关系时，总是采取消极的态度；当发生利益冲突时，总以切尔诺贝利核事故作为参照系，放大有害因素，难以保持公正的态度。

这场空前的核灾难的处理无比艰辛，不仅由于严重核事故应急救援高度专业的特殊性，还受核恐怖阴影所致社会心理负担的影响。关于核事故的严重后果和经济损失及其各方面影响的评估均出现过许多争议，已经不仅局限于科学的认知与判断。37 年前这场严重的核事故对人类与环境的创伤和影响至今挥之不去，认真从核事故中吸取经验教训，大力培植核安全文化是当务之急。

1.2.2 日本福岛核事故

2011 年 3 月 11 日，日本沿海发生了 9 级大地震，地震引发了海啸，海啸浪高超过福岛第一核电厂的厂址标志 14 米，事故影响超出了核电厂设计的范围。3 月 12 日，由于丧失了把堆芯热量排到最终热阱的手段，福岛第一核电厂 1、2、3 号机组在堆芯余热的作用下迅速升温，锆金属包壳在高温下与水作用产生了大量氢气，随后发生氢气爆炸。这场特大地震导致的巨大海啸发生次生核事故，导致数个机组的燃料棒损毁、压力容器破坏及厂房炸毁，进而导致大量放射性物质泄漏。

福岛核事故对全世界人民关于核能的认识产生了巨大的影响。作为信息时代最为重大的核事故，在网络媒体、自媒体的放大之下，福岛核事故使人们对核电的态度发生了极大的变化。从日本国内来看，在广岛、长崎遭受原子弹轰炸 66 年后，又一次经历核事故灾难，这给日本社会和人们的心理造成了很大冲击，其影响是巨大且长期的。此次福岛核事故将日本民众的反核意识推向了顶峰。在当年 4 月《朝日新闻》的调查中，认为应“增加”核电站的人数占比为 5%，“维持现状”的为 51%，“减少”的为 30%，“废止”的为 11%；到 6 月，认为将来应该“脱核”的人数占比达到了 74%；到 12 月调查时，“反对利用原子能发电”的人数占比达到 57%，认为应“阶段性减少将来淘汰”的人数占比上升为 77%。这些数据充分表明了日本民众反核情绪高涨之快。

从国际社会来看，福岛核事故对世界人民产生的影响是巨大的，包括德国、法国、美国在内的各个国家对于核能的态度都发生了极大的转变。拥有 17 座核电厂的德国宣布于 2022 年全面停用核能，其他国家如意大利、波兰、泰国、韩国、巴西、瑞士等提出暂缓发展核能。我国亦明确指出，要调整核电发展中长期规划，并暂停审批核电项目。而对于中国国内民众而言，福岛核事故是民众第一次实际接触的核灾难，因此也在国内产生了深远的影响，并且引发大量的次生舆情。从 2011 年 3 月 14 日开始，国内的舆论场开始出现大量关于核能的谣言。这些谣言有的扰乱了经济与社会秩序，如“抢盐风波”；有的造成政府公信力下降，如“我国相关部门隐瞒核电故障”的谣言；有的造成群众恐慌，如“海鲜污染”谣言。大部分谣言或不攻自破，或因辟谣而破解，但也有少数谣言造成深远的影响。

福岛核事故一方面归因于突如其来的特大地震和海啸双重自然灾害，另一方面也存在人为因素，是“天灾”和“人祸”共同作用造成的恶果。

（1）核电站老化，存在安全隐患

福岛核电站的设计寿期是 40 年，已接近退役期限。但营运单位东京电力公司基于经济利益考虑，用现行 60 年寿期设计标准来申请延长核电站服役时间，即延至 2031 年退役。核电机组许多地方出现老化迹象，包括反应堆容器中子氢脆、压力容器腐蚀、热交换器核废料处理系统出现腐蚀等，存在着许多安全隐患。

（2）救援响应迟缓，处置不当

地震之后，福岛第一核电站部分机组发生爆炸，堆芯部分熔化，4 号机组乏燃料池起火。核电站发生爆炸和火灾后，日本救援力量未能在第一时间采取得当措施，有效遏制火势蔓延并减少放射性物质泄漏。救援过程中的过量用水和不当用水造成了严重的环境污染，尽管福岛核电站备有放射性液体应急排放储存罐，用以收集救援产生的放射性废水，但是这一措施却加剧了污染。大量的放射性废水和放射性核素通过地震裂缝和地沟流入大海，加重了事故的二次污染，海水污染所带来的恶劣影响范围广泛且消除速度缓慢。

(3) 存在侥幸心理，未顾及公众安全

在核泄漏事故发生后，当地没有及时、科学地预测污染范围，对应急区的划分不明确，且缺乏重大事故应急预案和准备。安全疏散区以福岛第一核电站为中心，半径从3千米逐步扩大到10、20和30千米，但是拒绝将其扩大到40千米，应急处置只考虑救援成本，没有顾及公众的健康安全。在整个疏散过程中存在侥幸心理，安全疏散措施不仅滞后，而且非常有限，表现为未能及时限制食品和饮用水的使用，未能考虑核烟雾辐射的应隐蔽范围，也未能及时向儿童及其他高危人群发放碘片。由于该区域青少年甲状腺没有得到及时的防护，福岛县决定对截至2011年3月11日全县年龄为0~18岁的约36万名居民（包括撤离到县外者）进行甲状腺B超检查，以及时筛检甲状腺癌，并对目标人群终生复查，未满20岁的居民每2年复查一次，20岁及以上的居民每5年复查一次。

1.3 核与辐射事件的分级

1.3.1 国际核与辐射事件分级

国际核事件分级（International Nuclear Event Scale，INES）标准于1990年制定，作为核电站事故对安全影响的分类标准，旨在设定通用的标准以方便国际核事故发生国家或地区间进行交流通信。INES由国际原子能机构（International Atomic Energy Agency，IAEA）和经济合作与发展组织（Organization for Economic Cooperation and Development，OECD）的核能机构（Nuclear Energy Agency，NEA）共同设计，并由国际原子能机构监察。

核事故分级类似于描述地震的相对大小的矩震级。分级每增加一级代表事故比前一级的事故严重约 10 倍。与自然灾害如地震的强度可以定量评估不同，人为灾难如核事故的严重程度，更多地受限于解释。其难度在于事件发生很久之后，INES 等级才被评定。

核事故分为 7 级，灾难影响最小的级别位于最下方，影响最大的级别位于最上方。最低级别为 1 级核事故，最高级别为 7 级核事故，但是相比于地震级别，核事故等级评定往往缺少精密数据，往往是在事故发生之后通过其造成的影响和损失来评估等级。7 个核事故等级又被划分为两个不同的阶段：影响较小的 3 个等级被称为核事件，影响较大的 4 个等级被称为核事故（表 1-1）。

表 1-1　国际核事件分级（INES）

级别	说明	标准
7 级	特大事故	大型核装置（如动力堆堆芯）的大部分放射性物质向外释放，典型情况下应包括长寿命和短寿命的放射性裂变产物的混合物（等效放射性活度超过 10^{16} Bq I-131）。这种释放可能有急性健康影响，在大范围地区（可能涉及一个以上国家）有慢性健康影响和长期的环境后果。
6 级	重大事故	放射性物质向外释放（等效放射性活度超过 10^{15} ~ 10^{16} Bq I-131）。这种释放可能导致需要全面执行地方应急计划的防护措施，以限制严重的健康影响。
5 级	具有厂外风险的事故	放射性物质向外释放（等效放射性活度超过 10^{14} ~ 10^{15} Bq I-131）。这种释放可能导致需要部分执行地方应急计划的防护措施，以降低健康影响的可能性。 核装置严重损坏，这可能涉及动力堆的堆芯大部分严重损坏、重大临界事故或者引起在核设施内大量放射性物质释放的重大火灾或爆炸事件。

续表

级别	说明	标准
4 级	没有明显厂外风险的事故	放射性物质向外释放，使受照射最多的厂外个人受到几毫希沃特（Sv）量级剂量的照射。对于这种释放，除当地可能需要采取食品管制行动外，一般不需要厂外保护性行动。 核装置明显损坏。这类事故的后果可能包括造成厂内修复困难的核装置严重损坏，例如动力堆的局部堆芯熔化和非反应堆设施的可比拟的事件。 一个或多个工作人员受到很可能引发早期死亡的过量照射。
3 级	重大事件	放射性物质向外释放超过规定限值，使受照射最多的厂外人员受到十分之几毫希沃特量级剂量的照射。无需厂外保护性措施。 导致工作人员受到足以产生急性健康影响剂量的厂内事件和/或导致发生污染扩散事件。 安全系统再发生一点问题就会变成事故的事件，或者如果出现某些始发事件，安全系统已不能阻止事故的发生。
2 级	事件	安全措施明显失效，但仍具有足够的防御性，仍能处理进一步发生的问题。 导致工作人员所受剂量超过规定年剂量限值的事件和/或导致在核设施设计未预计的区域内存在明显放射性，并被要求纠正行动的事件。
1 级	异常	超出规定运行范围的异常情况，可能由设备故障、人为差错或规程有问题引起。

1.3.2　核与辐射事件的威胁类型

威胁类型（threat category），也称威胁类别，是对核或辐射应急准备和响应进行优化而建立的一种分类方案，以求与威胁评估中所确立的危险程度和性质相适应。国际原子能机构按照各类核设施及其活动可能造成的后果的严重程度进行分类，将威胁类型分为 5 种：类型Ⅰ到类型Ⅲ按威胁水平逐类降低；类型Ⅳ是在任何地区都可能存在的威胁和活动，可能与其他类型威胁共存；类型Ⅴ适用于需要进行应急准备以应对被类型Ⅰ和被类型Ⅱ威胁设施的放射性物质污染的场外区域（表 1-2）。对于可能发生的核或辐射应急情况，应事先做好威胁评估，确定威胁类型，有针对性地制订应急预案，以有效利用应急资源，提高应急响应效能。

表 1-2　核与辐射事件的威胁类型

类型	场域	描述	
Ⅰ	核电厂等	假想的场内事件（包括设计中没有考虑的）可能造成场外的严重确定性效应升高，证明为了达到与国际标准一致的应急响应目标，预防性紧急防护行动、紧急防护行动或早期防护行动以及其他响应行动是正当的；或类似的设施已经发生了这样的事件。	
Ⅱ	某类研究堆、核动力推进船舶或潜艇等	假想的场内事件（包括设计中没有考虑的）可能造成场外人员受照射的剂量升高，证明为了达到与国际标准一致的应急响应目标，紧急防护行动、早期防护行动和其他响应行动是正当的；或类似的设施已经发生了这样的事件。	与类型Ⅰ不同，类型Ⅱ不包括假想的场内事件（包括设计中没有考虑的）可能造成场外严重确定性效应升高的设施；或类似的设施已经发生了这样的事件。
Ⅲ	工业辐照设施、某些医院等	假想的场内事件（包括设计中没有考虑的）证明为了达到与国际标准一致的应急响应目标，场内防护行动和其他响应行动是正当的；或类似的设施已经发生了这样的事件。	与类型Ⅱ不同，类型Ⅲ不包括假想的事件可能证明场外紧急防护行动或早期防护行动是正当的设施；或类似的设施已经发生了这样的事件。
Ⅳ	核或放射性材料运输、移动危险源等	活动或行动可能证明为了达到与国际标准一致的应急响应目标，不可预料位置的防护行动和其他响应行动是正当的。	类型Ⅳ代表了适用于所有国家和管辖范围的危害水平。

续表

类型	场域	描述
V	受其他辖区类型Ⅰ或类型Ⅱ威胁污染的区域	一个国家拥有应急计划区或满足应急计划要求的区域，但设施（类型Ⅰ、类型Ⅱ）在其他国家。

1.4　核应急的概念及不同研究视角

1.4.1　核应急的概念

本书所称的“核应急”，泛指“核与辐射应急”。其中，“核”包括由核链式反应或核链式反应产物衰变所产生的能量以及辐射照射产生或预感将发生辐射危害的情景。“应急”指需要快速采取行动以缓解对人类健康和安全、生活质量、财产或环境产生危害的非常规事件的影响。在我国，“核与辐射应急”通常又称为“核与辐射事故应急”，这主要考虑到一般仅在发生事故的情况下才会采取应急响应行动。

就一个具体设施或活动（如核动力厂、研究反应堆、核燃料循环设施、放射性物品的运输等）的应急准备而言，首先应进行威胁评价，然后在此基础上制订应急计划（预案）并进行应急准备。为了使应急响应能够达到预期的目标，需要按照积极兼容、常备不懈的原则将应急响应能力保持在所计划的水平上。

1.4.2 环境污染处理视角

核安全与放射性污染处理都面临新挑战。核能作为人类20世纪取得的最伟大的科技成就之一，对全球能源安全具有重要影响。我国被称为“全球核电发展最快的国家”，核能产业已进入一个新的发展时期：新机型核电机组将投入运行，放射源、射线装置数量不断增加，核技术利用活动更加广泛，保障核安全的任务更加繁重。这些都对核电设备的制造和安全监管能力提出更高要求。与此同时，早期核设施和历史遗留放射性废物风险不容忽视，乏燃料集中贮存设施仍不足，周边核安全形势将更加复杂，这些也对我国核与辐射监测、核应急保障能力提出更大挑战。

1.4.3 辐射危害处理视角

人受到电离辐射可能会导致组织和器官出现功能或结构的变化、损伤甚至损害，这被称为辐射效应。辐射效应有多种分类方式，最重要的效应有两种：辐射效应发生在受照个体，称躯体效应；辐射效应发生在其后代，称遗传效应。最有实际意义的分类方式是按剂量-效应关系分类，可分为随机性效应和确定性效应。

（1）随机性效应

起源于单个细胞损伤的效应称为随机性效应（stochastic effect），其特点是不存在剂量阈值，严重程度与剂量大小无关，但效应发生的概率与剂量相关。辐射致癌效应和遗传效应属随机性效应。

（2）确定性效应

组织或器官受到超过一定剂量的照射会导致细胞损伤，当关键细胞群的辐射损伤超过一定量并持续一定时间时，机体就会出现临床症状。这样的效应称为确定性效应（deterministic effect）。确定性效应的特点是具有剂量阈值，且效应的严重程度随剂量的增加而加重。小于 100 mGy 的照射，无论是单次急性照射，还是慢性小剂量照射均不可能导致确定性效应的发生。

1.4.4 心理健康视角

在灾难面前，受灾者及救援人员都有可能因为突发事件的冲击而产生不同程度的社会心理反应。轻者反应很快消失，重者可影响心理健康。核与辐射事故可造成很大的社会心理影响，如引起公众心理紊乱、焦虑、恐慌和长期慢性心理应激。这种不良的社会心理效应的危害可能比辐射本身造成的后果更加严重。此时，进行心理干预非常重要，并且具有非常大的积极作用。

1.5 相关法规和标准梳理

1.5.1 核应急相关的国际标准

1.5.1.1 《及早通报核事故公约》

《及早通报核事故公约》于 1986 年 9 月 24 日由在维也纳举办的国际原子能机构特别大会通过，1986 年 10 月 27 日生效。该公约是在国际原子能机构主持下制定的，其主旨是进一步加强安全发展和利用核能方面的国际合作，通过缔约国之间尽早提供有关核事故的信息，以使可能跨越国界的辐射后果的影响降到最低。我国于 1986 年 9 月 26 日签署了该公约。

《及早通报核事故公约》共十七条，主要内容包括：① 缔约国有义务对引起或可能引起放射性物质释放，并将已经造成或可能造成对另一国辐射安全具有重要影响的超越国界的国际性释放的任何事故，向有关国家和机构通报。但对于核武器事故，缔约国可以自愿选择通报或不通报；② 核事故的通报内容应包括核事故及其性质，发生的时间、地点和有助于减少辐射后果的情报；③ 事故发生国可以直接，也可以通过国际原子能机构间接地向实际受影响或可能受影响的国家或机构（包括缔约国和非缔约国）进行通报；④ 各缔约国应将其负责收发核事故通报和情报的主管机构和联络点通知给国际原子能机构，并直接或通过机构、联络点通知其他缔约国。这类机构内的联络中心和联络点应可连续不断地供使用；⑤ 国际原子能机构在本公约范围内，有义务立即将所收到的核事故通报和情报通知给所有缔约国、成员国和有关国际组织。

1.5.1.2 《核事故或辐射紧急情况援助公约》

《核事故或辐射紧急情况援助公约》于 1986 年 9 月 24 日在维也纳举办的国际原子能机构特别大会上与《及早通报核事故公约》同时通过，也是旨在进一步加强安全发展和利用核能方面的国际合作，建立一个有利于在发生核事故或辐射紧急情况时迅速提供援助，以尽量减轻其后果的国际援助机制。此公约于 1986 年 10 月 27 日生效。我国于 1986 年 9 月 26 日签署该公约，成为该公约 68 个成员国中的一员。

《核事故或辐射紧急情况援助公约》共十九条，其主要内容包括：① 在核事故或辐射紧急情况下，缔约国有义务进行合作并迅速提供援助，以尽量减少其后果和影响；② 若一个缔约国在发生核事故或辐射紧急情况时需要援助，它可以直接或通过国际原子能机构向任何其他缔约国并同时向国际原子能机构或酌情向其他国际组织请求这种援助。被请求的缔约国应迅速做出决定，并通知请求国其是否能够提供所请求的援助及其范围和条件；③ 国际原子能机构在本公约范围内的职责；④ 请求国应给予援助方的人员必要的特权、豁免和便利，以便其执行援助任务；⑤ 当援助是以全部偿还或部分偿还为基础时，请求国应向援助方偿还因此而发生的有关费用。

1.5.1.3 《核安全公约》

美国三哩岛核事故和苏联切尔诺贝利核事故，使核安全成为国际社会普遍关注的问题，国际上要求共同加强核设施安全的呼声越来越高。为此，1994 年 6 月 17 日，国际原子能机构制定并通过了《核安全公约》，该公约于 1996 年 10 月 24 日生效。截至 1998 年底，缔约国共有 49 个。该公约旨在提高核设施安全，是以保护人员、社会和环境免受核事故危害为目的的鼓励性国际公约。中国参与了该公约的起草工作，为第一批签署国之一，并已成为缔约国。

《核安全公约》的目的是通过加强缔约国自身核设施的安全和国际合作，在适当情况下（包括与核安全有关的技术合作），实现和保持世界范围的高水平核安全；保护个人、社会和环境免受电离辐射的伤害，防止发生具有辐射后果的事故，若此类事故已发生，则减轻其后果。《核安全公约》声明，核安全的责任在于拥有核设施的国家。《核安全公约》适用于缔约国管辖下的任何陆基核电厂，包括设在同一场址且与核电厂的运行直接有关的储存和处理放射性材料的设施，直至所有的燃料元件永久移出堆芯并按批准的程序安全地存放。缔约国的主要义务有：在本国的法律框架内，采取立法、监督和行政等措施以及一切必要的步骤，确保其核设施的安全性，就履约所采取的措施向缔约方审评会议提交报告；对已有核设施的安全状况进行审查，采取必要的措施提高其安全性，如难以提高，必要时将其关闭。

1.5.1.4 《核或辐射应急准备与响应》

2002年，国际原子能机构理事会批准《核或辐射应急的准备与响应》安全导则的发布，该文件由联合国粮食与农业组织（FAO）、国际原子能机构、国际劳工组织（ILO）、经济合作与发展组织核能机构（OECD/NEA）、泛美卫生组织（PAHO）、联合国人道主义事务协调局（OCHA）和世界卫生组织（WHO）共同倡议编写。国际原子能机构秘书处认为，遵守这些要求将有利于使各国的应急响应标准和安排更加一致，并由此促进地区和国际层面的应急响应。

1.5.1.5 《核或辐射应急准备的安排》

2007年，国际原子能机构发布了安全导则GS-G-2.1《核或辐射应急准备的安排》。该安全导则的目的是协助成员国应用《核或辐射应急的准备与响应》导则，同时帮助成员国履行国际原子能机构在援助公约中规定的义务。

1.5.2 核应急相关的国内法规和标准

1.5.2.1 《核电厂核事故应急管理条例》(2001)

该条例旨在加强核电厂核事故应急管理工作，控制和减少核事故危害。该条例规定了核事故应急状态分为下列四级：① 应急待命。出现可能导致危及核电厂核安全的某些特定情况或者外部事件，核电厂有关人员进入戒备状态。② 厂房应急。事故后果仅限于核电厂的局部区域，核电厂人员按照场内核事故应急计划的要求采取核事故应急响应行动，通知场外有关核事故应急响应组织。③ 场区应急。事故后果蔓延至整个场区，场区内的人员采取核事故应急响应行动，通知省级人民政府指定的部门，某些场外核事故应急响应组织可能采取核事故应急响应行动。④ 场外应急。事故后果超越场区边界，实施场内和场外核事故应急计划。

1.5.2.2　《民用核安全设备监督管理条例》(2007)

该条例旨在加强对民用核安全设备的监督管理，保证民用核设施的安全运行，预防核事故，保障工作人员和公众的健康，保护环境，促进核能事业的顺利发展。该条例规定了民用核安全设备设计、制造、安装和无损检验单位应当建立健全责任制度，加强质量管理，并对其所从事的民用核安全设备设计、制造、安装和无损检验活动承担全面责任。该条例还规定民用核设施营运单位应当对在役的民用核安全设备进行检查、试验、检验和维修，并对民用核安全设备的使用和运行安全承担全面责任。

1.5.2.3　《中华人民共和国突发事件应对法》(2007)

该法旨在预防和减少突发事件的发生，控制、减轻和消除突发事件引起的严重社会危害，规范突发事件应对活动，保护人民生命财产安全，维护国家安全、公共安全、环境安全和社会秩序。该法规定，按照社会危害程度、影响范围等因素，自然灾害、事故灾难、公共卫生事件分为特别重大、重大、较大和一般四级。法律、行政法规或者国务院另有规定的事项，从其规定执行。国家在法规中确立统一领导、综合协调、分类管理、分级负责、属地管理为主的应急管理体制。突发事件发生后，履行统一领导职责或者组织处置突发事件的人民政府应当针对事件性质、特点和危害程度，立即组织有关部门，调动应急救援队伍和社会力量，依照该法和有关法律、法规、规章的规定采取应急处置措施。

1.5.2.4 《国家核应急预案》(2013)

该预案旨在依法科学统一、及时有效应对处置核事故，最大程度控制、减轻或消除事故及其造成的人员伤亡和财产损失，保护环境，维护社会正常秩序。该预案指出，核事故发生后，各级核应急组织根据事故的性质和严重程度，实施预案中规定的全部或部分响应行动。根据核事故性质、严重程度及辐射后果影响范围，核设施核事故应急状态分为应急待命、厂房应急、场区应急和场外应急（总体应急），分别对应Ⅳ级响应、Ⅲ级响应、Ⅱ级响应和Ⅰ级响应。

Ⅳ级响应，当出现可能危及核设施安全运行的工况或事件，核设施进入应急待命状态，启动Ⅳ级响应。应急处置：① 核设施营运单位进入戒备状态，采取预防或缓解措施，使核设施保持或恢复到安全状态，并及时向国家核应急办、省核应急办、核电主管部门、核安全监管部门、所属集团公司（院）提出相关建议；对事故的性质及后果进行评价。② 省核应急组织密切关注事态发展，保持核应急通信渠道畅通；做好公众沟通工作，视情组织本省部分核应急专业力量进入待命状态。③ 国家核应急办研究决定启动Ⅳ级响应，加强与相关省核应急组织和核设施营运单位及其所属集团公司（院）的联络沟通，密切关注事态发展，及时向国家核应急协调委成员单位通报情况。各成员单位做好相关应急准备。

Ⅲ级响应，当核设施出现或可能出现放射性物质释放，事故后果影响范围仅限于核设施场区局部区域，核设施进入厂房应急状态，启动Ⅲ级响应。应急处置，在Ⅳ级响应的基础上，加强以下应急措施：① 核设施营运单位采取控制事故措施，开展应急辐射监测和气象观测，采取保护工作人员的辐射防护措施；加强信息报告工作，及时提出相关建议；做好公众沟通工作。② 省核应急委组织相关成员单位、专家组会商，研究核应急工作措施；视情组织本省核应急专业力量开展辐射监测和气象观测。③ 国家核应急协调委研究决定启动Ⅲ级响应，组织国家核应急协调委有关成员单位及专家委员会开展趋势研判、公众沟通等工作；协调、指导地方和核设施营运单位做好核应急有关工作。

Ⅱ级响应，当核设施出现或可能出现放射性物质释放，事故后果影响扩大到整个场址区域（场内），但尚未对场址区域外公众和环境造成严重影响，核设施进入场区应急状态，启动Ⅱ级响应。应急处置，在Ⅲ级响应的基础上，加强以下应急措施：① 核设施营运单位组织开展工程抢险；撤离非应急人员，控制应急人员辐射照射；进行污染区标识或场区警戒，对出入场区人员、车辆等进行污染监测；做好与外部救援力量的协同准备。② 省核应急委组织实施气象观测预报、辐射监测，组织专家分析研判趋势；及时发布通告，视情采取交通管制、控制出入通道、心理援助等措施；根据信息发布办法的有关规定，做好信息发布工作，协调调配本行政区域核应急资源给予核设施营运单位必要的支援，做好医疗救治准备等工作。③ 国家核应急协调委研究决定启动Ⅱ级响应，组织国家核应急协调委相关成员单位、专家委员会会商，开展综合研判；按照有关规定组织权威信息发布，稳定社会秩序；根据有关省级人民政府、省核应急委或核设施营运单位的请求，为事故缓解和救援行动提供必要的支持；视情组织国家核应急力量指导开展辐射监测、气象观测预报、医疗救治等工作。

Ⅰ级响应，当核设施出现或可能出现向环境释放大量放射性物质，事故后果超越场区边界，可能严重危及公众健康和环境安全，进入场外应急状态，启动Ⅰ级响应。应急处置：① 核设施营运单位组织工程抢险，缓解、控制事故，开展事故工况诊断、应急辐射监测；采取保护场内工作人员的防护措施，撤离非应急人员，控制应急人员辐射照射，对受伤或受照人员进行医疗救治；标识污染区，实施场区警戒，对出入场区人员、车辆等进行放射性污染监测；及时提出公众防护行动建议；对事故的性质及后果进行评价；协同外部救援力量做好抢险救援等工作；配合国家核应急协调委和省核应急委做好公众沟通和信息发布等工作。② 省核应急委组织实施场外应急辐射监测、气象观测预报，组织专家进行趋势分析研判，协调、调配本行政区域内核应急资源，向核设施营运单位提供必要的交通、电力、水源、通信等保障条件支援；及时发布通告，视情采取交通管制、发放稳定碘、控制出入通道、控制食品和饮水、医疗救治、心理援助、去污洗消等措施，适时组织实施受影响区域公众的隐蔽、撤离、临时避迁、永久再定居；根据信息发布办法的有关规定，做好信息发布工作，组织开展公众沟通等工作；及时向事故后果影响或可能影响的邻近省（自治区、直辖市）通报事故情况，提出相应建议。③ 国家核应急协调委向国务院提出启动Ⅰ级响应建议，国务院决定启动Ⅰ级响应。国家核应急协调委组织协调核应急处置工作。必要时，国务院成立国家核事故应急指挥部，统一领导、组织、协调全国核应急处置工作。国家核事故应急指挥部根据工作需要设立事故抢险、辐射监测、医学救援、放射性污染物处置、群众生活保障、信息发布和宣传报道、涉外事务、社会稳定、综合协调等工作组。

1.6　心理现象及其过程

心理现象是心理活动的表现形式。心理现象可以反映心理过程、心理状态和心理特征三类内容。心理过程是指在客观事物的作用下，心理活动在一定时间内发生、发展的过程。其通常包括认知过程、情绪和情感过程与意志过程三个方面。心理状态是心理活动的基本形式之一，是指在一段时间内相对稳定的心理活动，如认知过程的聚精会神与注意力涣散状态，情绪和情感过程的心境状态和激情状态，意志过程的信心状态和犹豫状态等。心理特征是指心理活动进行时经常表现出来的稳定特点。例如，有的人观察敏锐、精确，有的人观察粗枝大叶；有的人思维灵活，有的人思考问题深入；有的人情绪稳定、内向，有的人情绪易波动、外向；有的人办事果断，有的人优柔寡断等。这些差异体现在能力、气质和性格上。在人的心理活动中，心理过程、心理状态和心理特征三者紧密联系。下文重点介绍心理过程包含的认知过程、情绪和情感过程与意志过程三个方面。

1.6.1　认知过程

认知过程是指个人获取知识和运用知识的心智活动。它包括感觉、知觉、记忆、思维、想象等。个人对世界的认识始于感觉和知觉。我们的眼、耳、鼻、嘴和皮肤是我们与外部世界保持接触的主要感觉系统。感觉和知觉通常是同时发生的，因而合称为感知。通过感知获得的经验能贮存在大脑中，必要时大脑借助于记忆将有关信息提取出来。借助感觉系统认识周围世界的可能性是很有限的，它只能使我们认识直接作用于感官的具体事物。我们了解世界的知识显然不是仅仅由感知觉提供的，我们还能通过象征、顿悟、问题解决、复杂规则的运用等心智活动，认识事物的本质和规律，这要借助于思维和想象活动。例如，人们关于太阳系起源的知识和史前时代早期人类社会生活的知识等，均是借助于思维、想象而获得的。感觉、知觉、记忆、思维、想象等都是使人获得知识的心理过程，因此统称为认知过程。

(1) 感觉

感觉是人脑对直接作用于感觉器官的客观事物的个别属性的反映，是感受器接受刺激后所产生的表示身体内外经验的神经冲动过程。人对客观世界的认识是从感觉开始的，它是最简单的认识形式。例如，一个红苹果，用眼睛看，我们知道它的颜色是红色，形状是圆形；用嘴咬，知道它的味道是甜的。这里的红、圆、甜就是苹果这一客观事物的个别属性。红是苹果表面反射的一定波长/频率的光波作用于眼睛的结果，圆是苹果的外部轮廓作用于眼睛的结果，甜是苹果内部的某些化学物质作用于舌头的结果。我们的头脑接受和加工这些属性，进而认识这些属性，这就是感觉。感觉是人的认识过程的初级阶段，是人认识客观世界的开端，也是意识形成和发展的基本成分。感觉的特点主要有三点：① 反映的是当前直接接触到的客观事物；② 反映的是客观事物的个别属性，而不是整体属性；③ 感觉的内容和对象是客观的，感觉的形式和表现则是主观的。

(2) 知觉

知觉是客观事物直接作用于人的感觉器官时，人脑对客观事物整体的反映。例如，有一个事物，我们通过视觉器官感到它具有圆圆的形状、红红的颜色，通过嗅觉器官感到它特有的芳香气味，通过手的触摸感到它硬中带软，通过口腔品尝到它的酸甜味道。于是我们把这个事物整体反映成苹果，这就是知觉。一方面，知觉和感觉一样，都是当前的客观事物直接作用于我们的感觉器官时，头脑中形成的对客观事物的直观形象的反映。客观事物一旦离开我们感觉器官所及的范围，对这个客观事物的感觉和知觉也就停止了。另一方面，知觉又和感觉不同，感觉反映的是客观事物的个别属性，而知觉反映的是客观事物的整体属性。知觉以感觉为基础，但不是感觉的简单相加，而是大脑对大量感觉信息进行综合加工后形成的有机整体。我们的知觉之所以能对客观事物做出整体反映，是因为：① 客观事物本身就是由许多个别属性组成的有机整体；② 我们的大脑皮层联合区具有对来自不同感觉通道的信息进行综合加工分析的功能。

知觉具有选择性、整体性、理解性和恒常性四个特征。① 选择性：在任何时刻，作用于人的感觉器官的刺激非常多，但人无法清楚感知同时作用于感觉器官的所有刺激，也不可能对所有的刺激都做出相应的反应。在同一时刻，感觉器官总是对少数刺激感知得格外清楚，而对其余的刺激感知得比较模糊，这种特性称为知觉的选择性。② 整体性：知觉的对象是由不同的部分和属性组成的，当它们对人产生作用的时候，是分别作用或者先后作用于人的感觉器官的。但人并不是孤立地反映这些部分和属性，而是把它们结合成有机的整体，这就是知觉的整体性。③ 理解性：人在感知当前的事物时，总是借助于以往的知识经验来理解它们，并用词语把它们标注出来，这种特性称为知觉的理解性。④ 恒常性：当知觉的对象在一定范围内发生变化的时候，知觉的映像仍然保持相对不变，这种特性称为知觉的恒常性。

（3）记忆

记忆力是指记住事物的外形和名称，以及该事物与以前学过的某事物的相似点与不同之处的能力。记忆就是过去的经验在人脑中的反映，包括识记、保持、再现和回忆四个基本过程。心理学家认为记忆可分为短期记忆、中期记忆和长期记忆。短期记忆的实质是大脑的即时生理生化反应的重复，而中期和长期的记忆则是大脑细胞内发生了结构改变，建立了固定联系。例如，学会骑自行车就是长期记忆，一个人即使已多年不骑，仍能轻松骑上车。产生中期记忆的细胞结构改变是不稳固的，只有曲不离口、拳不离手，反复加以巩固，中期记忆才会变成长期记忆。短期记忆是数量最多而又最不牢固的记忆。一个人每天大约只将1%的记忆保留下来。

根据记忆内容的变化，记忆的类型有：形象记忆型、抽象记忆型、情绪记忆型和动作记忆型。① 形象记忆型，是以事物的具体形象为主要对象的记忆类型。② 抽象记忆型，也称词语逻辑记忆型。它是以文字、概念、逻辑关系，如“哲学”“市场经济”“自由主义”等词语文字，整段整篇的理论性文章，一些学科的定义、公式等为主要对象的抽象化的记忆类型。③ 情绪记忆型，情绪、情感是指基于客观事物是否符合人的需要而产生的态度体验，这种体验是深刻的、自发的、情不自禁的。所以，情绪记忆的内容可以深刻、牢固地保持在大脑中。④ 动作记忆型，是以各种动作、姿势、习惯和技能为主要对象的记忆类型。动作记忆是培养各种技能的基础。

（4）思维

思维是人接受、存贮、加工以及输出信息的活动过程。从生理学上讲，思维是一种高级生理现象，是脑内生化反应的过程，是产生第二信号系统的源泉。所谓第二信号系统，是以语言作为刺激的反应系统，与第一信号系统有所不同，后者以电、声、光等为感官直接接收的信号作为刺激。从思维的本质来说，思维是具有意识的人脑对客观现实的本质属性和内部规律进行的自觉、间接和概括的反映。思维是认识过程中的理性阶段，在这个阶段，人们在感性认识的基础上形成概念，并用其进行判断(命题)、推理和论证。

(5) 想象

想象是大脑在意识控制下，对感官感知并贮存于大脑中的信息进行分解与重组的思维运动。想象属于第二信号系统，是人脑在已有感性形象的基础上创造出新形象的心理过程。例如，作家在写作时所需塑造的人物形象，就是作家在已经积累的感知材料的基础上经过加工改造而成的。也就是说，想象是创造主体的大脑对已有表象进行加工改造而创造新形象的过程。根据想象时是否有目的性，想象可分为无意想象和有意想象。无意想象指顺其自然地进行的想象，是没有预定目的、不自觉的想象。有意想象是有预定目的、自觉的想象。

1.6.2　情绪和情感过程

1.6.2.1　情绪

由于情绪的复杂性，情绪的概念至今还没有达成一致的共识。一般认为，情绪是以主体的愿望和需要为中介的一种心理活动。当客观事物或情境符合主体的愿望和需要时，其就能引起积极、肯定的情绪。例如，渴求知识的人得到了一本好书会感到满足，生活中遇到知己会感到欣慰，看到助人为乐的行为会产生敬慕，找到志同道合的伴侣会感到幸福等。当客观事物或情境不符合主体的愿望和需要时，其就会引起消极、否定的情绪。例如，失去亲人会引起悲痛，遭到无端攻击会引起愤怒，工作失误会引起内疚和苦恼等。由此可见，情绪是个体与环境之间某种关系的态度体验及相应的行为和身体反应。它由独特的主观体验、外部表现和生理唤醒三种成分组成。主观体验是个体对不同情绪状态的自我感受，如快乐还是痛苦等，构成了情绪的心理内容。情绪体验是一种主观感受，很难确定引起情绪体验的客观刺激是什么，而且不同人对同一刺激也可能产生不同的情绪。外部表现通常被称为表情，它是在情绪状态产生时身体各部分的动作量化形式，包括面部表情、姿态表情和语调表情。生理唤醒是指情绪产生的生理反应，涉及广泛的神经结构，如中枢神经系统的脑干、中央灰质、丘脑、杏仁核、下丘脑、蓝斑、松果体、前额皮层，以及外周神经系统和内、外分泌腺等。生理唤醒是一种生理水平的激活。

1.6.2.2 情绪的功能

(1) 适应功能

情绪是有机体适应生存和发展的一种重要方式。例如，动物遇到危险时会害怕，并通过发出呼救信号来保护自己，就是动物求生的一种手段。婴儿在出生时，还不具备独立的维持生存的能力，这时其主要依赖情绪来传递信息，与成人进行交流，得到成人的照料。成人也正是通过婴儿的情绪反应，及时为婴儿提供各种生活条件。在成人的生活中，情绪直接反映人们的生存状况，是人们心理活动的晴雨表，如愉快表示处境良好，痛苦表示处境困难；人们还通过情绪进行社会适应，如用微笑表示友好，通过移情维护人际关系，通过察言观色了解他人的情绪状况，以便采取相应的措施。也就是说，人们通过各种情绪了解自身或他人的处境与状况，适应社会的需要，求得更好的生存状态和发展。

（2）动机功能

情绪是动机的源泉之一，是动机系统的一个基本组成部分。它能够激励人的活动行为，提高人的活动效率。适度的情绪兴奋可以使身心处于活动的最佳状态，进而推动人们有效地完成工作任务。研究表明，适度的紧张和焦虑能促使人积极地思考和解决问题。同时，情绪对于生理内驱力也可以起到信号放大的作用，成为驱使人们行动的强大动力。例如，人在缺氧的情况下会产生补充氧气的生理需要，但这种生理内驱力本身可能没有足够的力量去激励行为，而此时所产生的恐慌感和急迫感会产生更强烈的驱动力。

（3）组织功能

情绪是一个独立的心理过程，有特定的发生机制，并对其他心理活动具有组织作用。这种作用集中表现为积极情绪的协调作用和消极情绪的破坏、瓦解作用。一般而言，中等强度的愉快情绪有利于提高认知活动的效果，而消极情绪，如恐惧、痛苦等，会对活动效果产生负面影响。情绪的组织功能还表现在人的行为上，当人们处在积极、乐观的情绪状态时，更容易关注事物美好的一面，行为也比较开放，愿意接纳外界的事物；而当人们处在消极的情绪状态时，则容易失望、悲观，放弃自己的愿望，甚至产生攻击行为。

（4）信号功能

情绪在人与人之间具有传递信息、沟通思想的功能。这种功能是通过情绪的外部表现，即表情来实现的。表情是思想的信号，在许多场合，人们只能通过表情来传递信息，如用微笑表示赞赏，用点头表示同意。表情也是言语交流的重要补充，如手势、语调等能使言语信息表达得更加明确。从信息交流的发生上看，表情的交流要早于言语交流，如在早期语言阶段，婴儿与成人相互交流的唯一手段就是表情，情绪的适应功能也正是通过信号交流来实现的。

1.6.2.3 情绪的分类

（1）基本情绪与复合情绪

从生物进化的角度看，人的情绪可分为基本情绪和复合情绪。基本情绪是人与动物所共有的，在发生上有着共同的原型或模式，它们是先天的、不学而能的。每一种基本情绪都具有独立的神经生理机制、内部体验和外部表现，并有不同的适应功能。复合情绪则是由基本情绪的不同组合派生出来的。也就是说，复合情绪是由两种及以上的基本情绪组合而形成的情绪复合体。

（2）积极情绪与消极情绪

情绪还可以分为两类：一类是积极情绪，另一类是消极情绪。积极情绪是与接近行为相伴随产生的情绪，而消极情绪是与回避行为相伴随产生的情绪。积极情绪对人的社会行为有积极作用，如改善人际关系和社会关系等。消极情绪是生活事件对人的心理造成的负面影响，如痛苦、悲伤、愤怒、恐惧等。适度的消极情绪有时是有益的。例如，在适度的焦虑情绪下，神经系统的紧张度增加，大脑的思考能力增强，反应速度加快，从而能提高工作和学习效率。相反，过于强烈和持久的消极情绪则对人的健康和社会适应有害。它能抑制大脑皮层的高级心智活动，如推理、辨别能力，使人的认知范围缩小，不能正确评价自己行动的意义及后果，自制力降低，导致正常行为的崩溃，并使工作和学习效率降低。如果消极情绪长期存在，而个人的心理适应力又差，情绪不能及时得到疏导、缓解，还会引起相应的心理疾病。

1.6.2.4　情绪的调节

情绪调节是个体管理和改变自己或他人情绪的过程，在这个过程中，个体通过一定的策略和机制，使情绪在主观体验、外部表现、生理唤醒等方面发生一定的变化。

美国斯坦福大学心理学教授詹姆斯·格罗斯（James Gross）认为情绪调节是在情绪发生过程中展开的，不同阶段会产生不同的情绪调节，据此，他提出了情绪调节过程模型。依据该模型，情绪调节发生在两个阶段：一个是在情绪发生前，称为关注前行环节的情绪调节或原因调节；另一个是在情绪发生后，称为关注反应的情绪调节或反应调节。其中，原因调节又分成几个不同的环节，包括情境选择、情境修正、注意转换和认知改变。情境选择是指个体趋近或避开某些人、事件与场合以调节情绪，这是人们经常或者首先使用的一种情绪调节策略，个体经常使用这种策略来避免或减少消极情绪的发生。情境修正是指根据问题的特点控制情境，并努力改变情境，使个体的情绪得到调节。例如，将两个发生争吵的人分开，使他们冷静下来，减少消极情绪。注意转换是指关注情境中的某个或某些方面，包括将注意力努力集中于一个特定的话题或任务，或使其离开原来的话题或任务。认知改变是指选择对事件意义的可能解释，这种解释对特定情境中情绪产生的主观体验、外部表现和生理唤醒具有很强的影响。认知改变经常被用来减弱或增强情绪反应，或者改变情绪的性质。反应调整是指情绪被引发后，对各种情绪反应趋势施加影响，主要表现为抑制表情。

情绪调节的策略：① 回避和接近策略。回避和接近策略也叫情景选择策略，它是通过选择有利情境、回避不利情境来实现情绪调节的。这是情绪调节的一种常用策略，在面临冲动、愤怒、恐惧、尴尬、窘迫等情绪时，运用这种策略非常有效。② 控制和修正策略。控制和修正策略是一种更为积极的策略，它是通过改变情境中各种不利的情绪事件来实现情绪调节的，情绪调节者试图通过控制情境来控制情绪的过程或结果。③ 注意转换策略。注意转换策略包括分心和专注两种策略。分心是将注意集中于与情绪无关的方面，或者将注意从当前的情境中转移开；专注是对情境中的某一方面长时间的集中注意，这时个体可以创造一种自我维持的卓越状态。④ 认知重评策略。认知重评策略即认知改变，个体通过改变对情绪事件的理解和评价而进行情绪调节。认知重评试图以一种更加积极的方式理解使人产生挫折、气愤、厌恶等消极情绪的事件。认知重评将产生积极的情感和社会互动结果，不需要耗费大量认知资源，是一种有益的情绪调节方式。⑤ 表达抑制策略。抑制将要发生或正在发生的表情，调动自我控制能力，启动自我控制过程以抑制自己的情绪行为，是反应调节的一种策略。⑥ 合理表达策略。采用恰当的表情，是情绪调节最为关键的策略，它有利于个体幸福和团体内部关系密切。在人际交往中，情绪调节能力强的个体并不全是压抑自己的表情，而是能够在瞬间迅速改变自己的不利情绪，如把愤怒转换为笑、把悲伤转换为动力等。因而，这种策略也可以被称为情绪转换策略。此外，在实际生活中，一个成熟的个体还会选择更多的方式来调节自己的情绪，如改变生活方式、活动方式、体育锻炼方式、倾诉方式等。

1.6.2.5　情感

情感是情绪的感受方面，即情绪过程的主观体验。因此，情绪这个概念既用于人类，也用于动物，而情感这个概念通常只用于人类，特别是在描述人的高级社会性情感时。

情绪与情感的区别：

（1）需要角度

从需要角度看，情绪通常与个体的生理需要满足与否相联系。例如，与饮食、休息、空气、繁殖等需要相联系的主观体验，是人和动物共有的。而情感是人类特有的心理活动，通常是与人的社会性需要相联系的复杂而又稳定的态度体验，如爱国主义、集体主义、人道主义、荣誉感、羞耻心、求知欲、责任感等。

（2）发生角度

从发生角度看，情绪是反应性和活动性的过程，即个体随着情境的变化以及需要满足的状况而发生相应的改变，受情境影响较大。而情感是个体的内心体验和感受，是具有深刻社会意义的心理体验，如对真理的追求、对爱情的向往、对美好事物的体验等，虽然不轻易表露，但对人的行为具有重要的调节作用。

（3）稳定性程度

从稳定性程度看，情绪具有情境性和短暂性的特点。例如，色香味俱全的菜肴会引起个体的愉快体验，噪声会导致不愉快的感受，一旦这些情境不再存在或发生变化，相应的情绪感受也就随之消失或改变。而情感则具有较强的稳定性和持久性，一经产生就相对稳定，不为情境所左右，稳固的情感体验是情绪概括化的结果。

(4) 表现方式

从表现方式看，情绪具有明显的冲动性和外部表现，如悔恨时捶胸顿足，愤怒时暴跳如雷，快乐时喜笑颜开等。情绪一旦产生，强度一般较大，有时会导致个体无法控制。而情感则以内蕴的形式存在或以内敛的方式流露，始终处于人的意识调节和支配下。

虽然情绪与情感表达的主观体验的内容有所不同，但两者又相互联系。一方面，情感离不开情绪，稳定的情感是在情绪的基础上形成的，并通过情绪反应得以表达；另一方面，情绪也离不开情感，情感的深度决定着情绪的表现强度，情感的性质决定了在一定情境下情绪表现的形式。情绪发生的过程往往深含着情感的因素。总之，情绪是情感的外部表现，情感是情绪的本质内容，两者紧密联系。

1.6.3 意志过程

意志过程是指意志行动的发生、发展和完成的历程。这一过程大致可以分为两个阶段：采取决定阶段和执行决定阶段。前者是意志行动的开始阶段，它决定意志行动的方向，是意志行动的动因；后者是意志行动的完成阶段，它使内心追求的目标得以实现。

(1) 采取决定阶段

采取决定阶段一般包含选择目标、设定标准、制订计划、解决心理冲突和矛盾、做出决策等许多环节。目标是人的行动所期望的结果。在行动中，个人追求的目标是多样的，有时是明确的，有时是模糊的，有时是眼前的，有时则是较长远的。有时，行动追求的目标只有一个，无选择余地，这时确定目标不会产生内心冲突；有时，可供选择的目标则有好几个，个人在选择目标时会产生心理冲突，需要做出意志努力。目标确定之后，就要选择达到目标的行动方式和方法，拟订行动计划。行动的方式、方法的选择，也有各种不同情况。有时只要一提出目标，行动的方式、方法便可以确定，这无需意志努力。但在通常的情况下，个人要对达到目标的方式、方法进行选择，比较各种方式、方法的优缺点及可能导致的结果。这时，个人也可能犹豫不决，时而想采取这种方式、方法，时而想采取那种方式、方法，难以下定决心。因而，个人在确定行动计划、做出决策时也会产生矛盾心理，也需要做出意志努力。

（2）执行决定阶段

在做出决定之后，便过渡到执行决定阶段，进入实际行动环节。执行决定是意志行动的最重要环节，因为即使在做出决定时有决心、有信心，如果不将其付诸行动，这种决心和信心依然是空谈，意志行动也就不能完成。从做出决定过渡到执行决定，时间上往往因具体情况的不同而有所不同。有时，在做出决定之后就立即过渡到执行决定阶段。这通常发生在下列情况下：行动的目标和实现行动的方式、方法比较明确具体，完成行动的主客观条件已经具备，而行动又要求不失时机地去完成。例如，在战斗中，做出军事行动的决定后必须立即执行。有时，决定是比较长期的任务或是未来行动的纲领，这样的决定并不用立即付诸行动，而仅是将来行动的打算。例如，我们准备在暑假期间完成一篇论文，目标、计划都明确了，决心也下了，但并不立刻行动，因为条件还不完全具备，只是一种打算。在执行决定的过程中，已经确立起来的决心和信心也可能会发生动摇。这通常发生在下列情况下：一是执行决定时遇到困难，要付出较大的努力，而这与个体已形成的消极人格特征（如懒惰、骄傲、保守等）或兴趣爱好发生矛盾，从而使决心和信心发生动摇。二是在做出决定时虽然选择了一种目标，但其他目标仅暂时受到压制，仍然很有吸引力。在执行决定的过程中，暂时受到压制的目标又可能重新抬头，从而产生新的心理冲突。三是在执行决定的过程中，还可能产生新期望、新意图和新方法，它们也会同预定的目标发生矛盾，令人踌躇，干扰行动的进程。此外，有时在做出决定时没有充分考虑到各种主客观条件，没有预见到事物的发展变化，如在执行决定时遇到新情况、出现新问题，而个人又缺乏应付新情况、解决新问题的知识和技能，则其也可能犹豫不决。这些矛盾都会妨碍意志行动贯彻到底。只有解决了这些矛盾，才能将意志行动贯彻到底，达到预定的目标。当意志行动达到预定目标时，其又会增强克服困难的毅力，提高克服困难的勇气。优良的意志品质正是在克服困难的过程中锻炼和培养起来的。

1.7 心理的生物学和社会学基础

1.7.1 心理的生物学基础

1.7.1.1 神经元

神经元即神经细胞，是神经系统结构和功能的基本单位。它具有细长突起的细胞，由胞体、树突和轴突三部分组成。

神经元具有两个最主要的特性，即兴奋性和传导性。神经元的兴奋性具有一种很特殊的现象：当刺激强度未达到某一阈值时，神经冲动不会发生；而当刺激强度达到该值时，神经冲动发生并能瞬时达到最大强度，此后无论刺激强度再继续增加或减弱，已诱发的冲动的强度也不再发生变化。这种现象称为全或无定律。神经元的传导功能在性质上类似电流传导，但作用机制不同。电流靠接触进行传导，而相邻神经元则靠其间小空隙进行传导。这种小空隙叫作突触，其作用在于传递不同神经元之间的神经冲动。

神经元有各种不同的形态，按突起的数目可以分成单极细胞、双极细胞和多极细胞。按功能可以分成内导神经元（感觉神经元）、外导神经元（运动神经元）和中间神经元（联络神经元）。内导神经元收集和传导身体内、外的刺激，使其到达脊髓和大脑；外导神经元将脊髓和大脑发出的信息传到肌肉和腺体，支配效应器官的活动；中间神经元介于前两者之间，起联络作用。中间神经元的连接形成了中枢神经系统的微小回路，这是大脑进行信息加工的主要场所。

1.7.1.2 中枢神经系统

神经系统是由大量神经细胞形成的神经组织与结构的总称，可分为中枢神经系统和周围神经系统。中枢神经系统是人体神经系统的主体部分，包括脑和脊髓，其主要功能是传递、储存和加工信息，产生各种心理活动，支配与控制人的全部行为。

脑是中枢神经系统的主要组成部分，由大约 140 亿个脑细胞构成的重约 1 400 克的海绵状神经组织。在构造上，脑按部位的不同分为后脑、中脑和前脑三大部分，分别具有不同的功能。

后脑位于脑的后下部，包括延脑、脑桥和小脑三部分。其中，小脑的主要功能是控制身体的运动与平衡。如果小脑受损，即出现运动受限、平衡障碍。

中脑位于脑桥之上，恰好处在整个脑的中间位置。中脑是视觉与听觉的反射中枢。在中脑的中心有一个网状的神经组织，称为网状结构。网状结构的主要功能是控制觉醒、注意力、睡眠等意识状态。网状结构的作用范围覆盖了脑桥、中脑和前脑。中脑与脑桥、延脑合在一起，称为脑干，脑干是生命中枢。

前脑是脑最复杂且最重要的部分，占脑重量的2/3。其主要功能是产生高级认知活动和情绪过程。

脊髓上接脑部，外连周围神经，31对脊神经分布于它的两侧。脊髓的活动受脑的控制。来自躯干、四肢的各种感觉信息，通过感觉神经传送至大脑，进行高级的分析和综合处理；大脑的活动也要通过运动神经传至效应器官。脊髓本身也可以独立于大脑完成许多反射活动，如牵张反射、膀胱和肛门反射等。

1.7.1.3 周围神经系统

周围神经系统从中枢神经系统发出，导向人体各部分，可分为躯体神经系统和自主神经系统。周围神经系统担负着与身体各部分的联络工作，起传入和传出信息的作用。

躯体神经系统包括脑神经和脊神经。脑神经共12对，主要分布于头面部；脊神经共31对，主要分布于躯干和四肢。它们的主要功能是在神经活动的反射过程中，一方面通过传入神经纤维把来自感受器的信息传向中枢神经系统，另一方面通过传出神经纤维把中枢神经系统的命令传向效应器官，从而支配骨骼肌的运动。它们起着使中枢神经系统与外部世界相联系的作用。通常认为，躯体神经系统是受意识调节控制的。

自主神经系统分布于内脏器官、心血管、腺体及平滑肌。它包含感觉

（传入）神经纤维和运动（传出）神经纤维。传入神经纤维传导体内脏器的运动变化信息，机体对这种刺激的感受对内环境的调节起着重要作用。在正常情况下，分布于各脏器的传出神经纤维保持机体相对平衡和有节律性的内脏活动，如呼吸、心跳、消化、排泄、分泌等，以调节机体的新陈代谢；当环境发生紧急变化时，它们促使机体发生一系列应对紧急情况的内脏活动。内脏活动一般不由意识直接控制，并且在意识上不引起明确的感觉。自主神经系统可分为交感神经系统和副交感神经系统。这两类神经几乎向所有的腺体和内脏发放神经冲动。交感神经的功能主要表现在机体应对紧急情况时产生兴奋以适应环境的变化，如心跳加快、冠状血管血流量增加、血压增高、血糖升高、呼吸加深变快、瞳孔扩大、消化减慢等一系列反应。副交感神经的作用是保持身体平静时的生理平衡，如协助消化的进行、保存身体的能量、协助生殖活动等。这两种神经在许多活动中既具有拮抗作用，又是相辅相成的，例如交感神经使心率加快，而副交感神经则使之减慢。

1.7.2 心理的社会学基础

1.7.2.1 态度

态度是指个体基于过去经验对周围的人、事、物持有的比较持久且一致的心理准备状态或人格倾向。态度由认知成分、情感成分和行为意向成分三部分构成，是外界刺激信息与个体行为反应之间的中介因素。从态度的含义可以看出，态度中的认知成分说明了个体如何获取态度的对象，它既可以是具体的人、事、物，也可以是代表人、事、物的抽象概念。不管是抽象的还是具体的态度对象，人在认知时总是带有一定倾向。情感成分是个人对态度对象的评价与内心体验，如接纳或拒绝、喜欢或厌恶、热爱或仇恨、同情或冷漠等，像喜欢某人、憎恨某事就是人的好恶情感，是人的内心体验，反映了个体对态度对象的喜欢与不喜欢的程度。行为意向成分是个体对态度对象的行为准备状态，反映了个体对态度对象的行为意图和准备状态，主要有两方面的含义：一是态度一旦形成，就会对态度对象产生影响，可能是积极的，也可能是消极的。例如，对“安乐死”的态度，如果是赞成的态度，那么遇到相关问题时就会积极地表示支持。二是态度具有特定的意动效应。这种意动效应会影响人的行动方向与方式，只不过不易被人察觉而已。因此，可以由个体的外显行为来推知其态度。态度的认知成分、情感成分和行为意向成分彼此协调统一并共同作用，当认知成分与情感成分产生矛盾时，行为意向成分与情感成分的一致性就要高于其与认知成分的一致性。

1.7.2.2 印象形成与归因

社会印象是指个体在社会生活过程中形成并存储的认知对象的形象。社会印象对象的范围广泛，既可以是人，也可以是事或物以及内在体验。

印象形成是指个体在有限信息的基础上，对认知对象的某些属性做出判断或对其总体特征形成印象的过程。在看到某人，或用几分钟看某人照片，或看一小段关于某人的文字描述后，一个人往往就能够对其特征做出某些方面的判断，例如会自信地评价这个人的智力、文化素养，以及热情、诚实、正直、坚毅等特征，即在简单、有限信息的基础上，能够很快地形成对某人的整体印象。

归因是指人们对自己和他人行为的原因进行分析和推论的过程，即个体从可能导致行为的多种因素中认定原因并判断其性质的心理过程。因此，归因理论就是阐述个体如何对自己和他人行为的因果关系做出解释和推测，并判断其属于何种性质的过程。在日常生活中，人们会对自己行为的因果关系感兴趣，因为搞清楚行为的前因后果，就可以预测、评价其行为。个体经常会思考诸如“是什么原因导致这种行为的发生”“为什么会发生这样的事情”等问题。个体通过对自己和他人行为原因进行分析和推论，预测自己和他人将来的行为，从而达到调节和控制自己及他人行为的目的。如果个体不能预测自己和他人的行动，就会将周围环境看成是偶然的、不连贯的和分裂的，如果一个人不能知道自己完成作业是否能得到教师的奖励，那么他的行为就是盲目的。归因在很多情况下是个体通过有意识的加工进行的，并会为此花费较多时间。有些出乎意料的事情以及行为，更容易引起归因。例如，考试后感觉良好，但试卷发下来后，发现成绩要比预想的低，此时这种心理上的落差，就会很容易地引起个人对为何得低分的归因。在社会生活中，每个人会逐渐地形成各具特色的归因倾向，称为归因风格，即人可分为内控者和外控者。内控者认为，生活中的大多数事情取决于自己投入的精力与努力程度，倾向于相信自己有能力控制事情的发生及其后果；在面临困难时，相信自己可以克服困难。外控者认为生活中的大多数事情都是由外部因素造成的，如运气、机会、工作设施等，因此自己是无法控制的；在面临困难时，往往会推卸责任，不愿意克服自己面临的困难。

1.7.2.3　人际关系

人际关系是指人与人在社会生活过程中通过交往而产生和发展的心理关系。在人际沟通与相互影响过程中形成的人际关系涉及情感、认知和行为三个方面，并渗透到社会关系之中，受到社会关系的制约。人际关系的建立，涉及一个人与他人之间的社会需要是否得到满足、能否认识自己并认识他人、相互交往是否具有满足感、能否维持自己的自尊感和相互吸引等因素。其中，时间与空间上的接近和人际吸引是人际关系建立的两个基本条件。由于接近而相识，又由于相识交往频率增加而相互了解并可能出现相互吸引，彼此相悦，从而建立亲密的友谊。人际关系的建立过程往往取决于相似性和需要互补性，尤其在心理特征方面相反时，人们之间的需要会因互补作用而得到彼此满足，形成依赖、和睦相处的人际关系。在情感上的接纳和排斥的相似或互补，包括爱、喜欢、接受、满意、尊重等积极情感，也包括怨恨、厌恶、不满、轻视、拒绝等消极情感，这些也会因相互吸引而产生人际关系。

人际吸引是指人与人之间在情感方面相互喜欢和亲和的现象，一般分为合群、喜欢和爱情三个层次。人际关系是人与人之间心理上的一种距离，心理距离越近，说明相互之间越具吸引力；心理距离越远，说明相互之间就越没有吸引力。人与人之间相互吸引的程度是人际关系的具体反映，也是人际关系的主要特征。人际吸引反映了人与人之间相互悦纳的程度。正常的人际交往和良好的人际关系是心理发展成熟、人格健全完善的必要前提，也是维持良好身心状态的必要基础。

1.7.2.4 群体心理

群体是指由两个以上具有共同目标、共同利益，并在一起活动的人组成的介于组织与个体之间的人群结合体。群体一般具有各个成员之间相互依赖，在心理上彼此意识到对方，在行为上相互作用以及“我们同属一群”的心理感受。在日常生活中，群体一词使用范围很广，如企业团体、行业协会等都可以称为群体。相互作用是群体最基本的。群体内的人不一定面对面，不一定有言语交流，但群体成员之间需要相互作用和相互影响。例如，在面对抢险场合时，原本互不相识的人会自觉地相互配合而自然形成某个群体，相互作用和相互影响对于实现预定目标是必不可少的。在群体成员的行为活动中，相互依赖、相互支持要比个人单独行动更有效，更让人心情愉悦。个体之间的相互作用促使群体形成并维持其存在。

群体规范是群体的重要特征，指群体要求其成员必须遵守的行为准则。确定的行为准则，既是群体成员公认的，也是每个成员都必须遵守的。群体规范主要有文化、语言、风俗、舆论、公约、守约、守则、乡规、规章制度等行为规范以及价值标准。群体一旦形成，就需要有被群体成员认可并遵循的行为准则，以保障群体目标的实现。这种约束成员的行为准则就是群体规范。群体规范可以在群体形成过程中自然而然地形成，也可以由群体领导者主动制定并责成群体人员遵守。

社会促进又称为社会助长，是指个体因他人在场而提高活动效果的现象。群体对个人行为会产生一定影响，或他人在场也会对个人活动效果产生影响。例如，自行车选手和赛跑者参加群体比赛时，速度会更快些。美国心理学家扎琼克（R. Zajonc）认为，他人在场会提高个体行为的唤醒水平或动机，而动机水平的提高，对个体已经学习和掌握的很熟悉的动作，可增强优势反应；而对不熟悉或复杂的智力活动，会抑制较弱的反应。因此，社会促进既可能对个体活动产生促进作用，也可能产生减退作用。

1.7.2.5　社会影响

从众是指个体在社会影响下或在群体的压力下，改变自己的态度，放弃自己的意见而采取与大多数人一致的行为。平时所说的“随大流”“人云亦云”，就是从众行为。根据个体从众行为的表现形式，以及个体行为与自身判断是否一致，从众可分为三种类型：① 行为上从众，内心也从众。个体在行为上力图与群体成员保持一致，在内心深处也赞同群体成员的选择，是一种表里如一的从众行为，称为真从众。② 行为上从众，内心不从众。个体虽然在行为上和其他人保持一致，但对其他人的行为不以为意，甚至怀疑其他人的选择是错误的，这种从众行为称为权宜从众。③ 内心从众，行为不从众。个体虽然认同其他人的观点，但在行为上却不得不和群体保持一定的距离，是一种表里不一致的假从众。从众本身并无积极和消极之分，它是个体社会化的结果，对于个体社会适应具有重要作用，但从众会带来积极和消极两种后果。从积极结果来看，由于个人的生活经验有限，将其他人的行为作为知识与经验的来源，有助于更好地适应复杂的社会；从消极结果来看，例如，有些人在看到其他人排队购物时，会不由自主地跟风抢购，后来发现自己并不需要这些物品而后悔不已。

服从是指在社会要求、群体规范或他人意志下做出自己本不愿做的行为。这种服从行为是因为受到外界压力的影响而被迫做出的。服从行为与个体内心世界具有一定差距，并非个体的本意。一般来说，外界压力的影响主要来自两种情况：一是组织群体，组织内群体规范会影响个体的行为，使其选择服从；二是权威人物的影响，包括权威人物的直接或间接命令，使个体违背自己的良心而服从命令。

现实生活中，有人出于群体压力而做出服从行为，但当要求超出个体能力或与个体道德信念相冲突时，个体就不会服从。个体的不服从行为主要有两种形式：① 抗拒。个体面对群体压力，在行动上拒不采取群体的行为选择，情绪上表现激烈，甚至和其他人发生争执。② 消极抵制。当面对不符合自己利益的要求时，个体既不愿意满足这些要求，又不愿意直接表达自己的不满，从而引起他人的反感，因此采取阳奉阴违的态度，表面上表示服从，行为上却消极抵制。个体服从行为的产生原因可从两个方面加以说明。一是命令者具有合法权力。在社会生活中，每个人都承担着不同的社会角色，有些社会角色赋予命令者合法权力，可要求其他人服从安排。二是个体责任分散。个体在行为选择过程中，服从命令者的安排，可起到责任分散的作用。如果行为选择导致了消极后果，个体可以更多地进行行为外归因，将责任推卸到命令者身上。

服从和从众都是个体在群体压力下产生的行为，但两者之间存在着一定区别。首先，多数一致的社会压力会造成从众，随着社会压力的增大，个体会被迫产生某种行为，称为服从。也就是说，服从是在他人尤其是在具有权威的人的直接要求、命令下完成的。例如，个人服从集体，下级服从上级，以及个体对规章制度的服从等。其次，个体会在被迫情况下做出服从行为，行为进行过程中个体通常带有不满意、不情愿等消极情绪。当服从行为涉及第三方的时候，多数人会宁愿牺牲第三方的利益也要表现出服从行为，这种社会心理现象是不分民族、性别、文化程度的。

1.8　人格

人格是一个人的才智、情绪、愿望、价值观和习惯的行为方式的有机整合，它赋予个人适应环境的独特模式，这种知、情、意、行的复杂组织是遗传与环境交互作用的结果，包含着对过去的影响以及对现在和将来的建构。

1.8.1 人格的基本特性

（1）人格的整体性

人格的整体性是指人格虽有多种成分和特质，但在真实的人身上它们并不是孤立存在的，而是密切联系并整合成一个有机整体。人的行为不仅是某个特定部分运作的结果，而且是与其他部分紧密联系、协调一致进行活动的结果。精神分裂症是一种最常见的精神疾病，心理分析学创始人弗洛伊德（Sigmund Frend）在提出精神分裂症这个术语时便认为，精神分裂症是精神内部的分裂，他将统一性的丧失、精神的内部分裂视为此病的本质。可以将精神分裂症患者的心理与行为比喻为一个失去指挥的管弦乐团。得了这种病，患者的感觉、记忆、思维和习惯等心理功能虽然不至于丧失，却会呈现杂乱无章的状态。由此可见，正常人的心理表现为多样性的统一，是有机的整体。

（2）人格的稳定性

人格的稳定性表现在两个方面。一是人格的跨时间的持续性。在人生的不同时期，人格持续性首先表现为自我的持久性。每个人的自我，在世界上不会存在于其他地方，也不会变成其他东西。一个人可以失去身体的一部分，改变自己的职业，变得富有或贫穷，幸福或不幸，但是其仍然认为自己是同一个人。这就是自我的持续性。持续的自我是人格稳定性的一个重要方面。二是人格的跨情境的一致性。人格特征是指一个人经常表现出来的稳定的心理与行为特征，那些暂时的、偶尔表现出来的行为则不属于人格特征。例如，一个外向的学生不仅在学校里善于交往，喜欢结识朋友，在校外也喜欢交际、聚会，虽然其偶尔也会表现出安静的一面，且与他人保持一定距离，但人格的稳定性并不意味着人格是一成不变的，而是指较为持久的、一再出现的定性的东西。人格变化有两种情况。一是人格特征随着年龄增长，其表现方式也有所不同。例如，同是焦虑，在少年时代表现为对即将参加的考试或即将进入的新学校心神不定、忧心忡忡，在成年时表现为对即将从事的一项新工作忧虑烦恼、缺乏信心，在老年时则表现为对死亡的极度恐惧。也就是说，人格特征以不同行为方式表现出来的内在禀性的持续性是有其年龄特点的。二是对个人有重大影响的环境因素和机体因素，如移民、严重疾病等，都有可能造成人格的某些特征，如自我观念、价值观、信仰等的改变。不过要注意，人格改变与行为改变是有区别的。行为改变往往是表面的变化，是由不同情境引起的，不一定都是人格改变的表现。人格的改变则是比行为更深层的内在特质的改变。

（3）人格的独特性

人格的独特性是指人与人之间的心理与行为是各不相同的。人格结构组合的多样性，使每个人的人格都有其自己的特点。在日常生活中，我们随时随地可以观察到每个人的行动都异于他人，每个人各有其爱好、认知方式、情绪表现和价值观。我们强调人格的独特性，并不排除人们在心理与行为上的共同性。人类文化造就了人性。同一民族、同一阶层、同一群体的人具有相似的人格特征。文化人类学家把同一种文化陶冶出的共同的人格特征称为群体人格或众数人格。但是，人格心理学家更重视的是人的独特性，虽然他们也研究人的共同性。

（4）人格的社会性

人格的社会性是指社会化把人这样的动物变成社会的成员，人格是社会的人所特有的。所谓社会化，是个人在与他人交往中掌握社会经验和行为规范、获得自我的过程。社会化的内容，就像人类社会本身那样复杂多样。因纽特人要学习适应北极严寒的生活方式，而布须曼人要学习应对非洲沙漠酷热的生活方式。社会化与个人的文化背景、种族、民族、地位、家庭有密切的关系。通过社会化，个人获得了从装饰习惯到价值观和自我观念等的人格特征。人格既是社会化的对象，也是社会化的结果。人格的社会性并不排除人格的自然性，即人格受个体生物特性的制约。人格是在个体的遗传和生物基础上形成的。从这个意义上也可以说，人格是个体自然性和社会性的综合表现。但是人的本质并不是所有属性或者几种属性相加的混合物，或者几种属性相加的混合物。构成人本质的东西，是人所特有的，失去了它，人就不能称之为人，而这种特性就是人的社会性。即使是人的生物性需要和本能，也是受人的社会性制约的。

1.8.2 人格理论

1.8.2.1 人格的精神分析论

(1) 弗洛伊德的人格结构论

弗洛伊德的人格理论强调人是受潜意识本能驱动的，早年生活经验决定人格发展，而人格结构的提出是其对人格理论最为重要的贡献。弗洛伊德把人格看作是一个由本我、自我和超我三个心理结构组成的动力系统。人的大多数行为都是本我、自我和超我共同活动的结果。

人格结构的三部分常常处在相抗衡的状态之中。健康人的自我会防止本我和超我过分操纵其人格，自我的目的是找到同时满足本我和超我需求的途径。不过，这往往是相当困难的。人的潜意识是人格三部分的战场。自我既要与现实保持联系，同时又要协调人格的其余两部分的要求。

（2）荣格的人格结构论

在分析心理学创始人荣格（Garl G. Jung）的人格理论中，人格（心灵）是由自我、个人潜意识和集体潜意识几个互相影响的系统所组成的。自我是有意识的心智，是心灵中关于认知、感觉、思考以及记忆的那部分。荣格认为，我们的意识有一组对立的精神态度——内向性和外向性。内向的特征是指向个人内在的思考和感受。外向的特征是指向他人及外部世界的思考和感受。每个人都具有这两种态度，但是只有其中的一种会成为人格的主宰。主宰性的态度会指导个人的行为与意识。同时，我们还有四种心灵的功能：思维、情感、感觉和直觉。这四种心灵功能与两种精神态度交互作用，便形成了八种人格类型：① 思维外向型，严守社会规范，客观冷静，善于思考但固执己见，感情受压抑；② 情感外向型，易动感情，思维受压抑；③ 感觉外向型，寻求享乐与刺激，直觉受压抑；④ 直觉外向型，凭预感办事，喜怒无常，富于创造，感觉受压抑；⑤ 思维内向型，沉溺于玄想，离群索居，情感受压抑；⑥ 情感内向型，情感深藏内心，沉默寡言，态度冷淡，压抑理性思考；⑦ 感觉内向型，对外部世界缺乏兴趣，显得被动、平静；⑧ 直觉内向型，喜欢做白日梦，常和现实相脱节。自我作为人格的意识层次，包含着这些态度、功能以及人格类型，对描述人类的人格有重要的意义。但荣格认为，意识层次不过是人格结构中最上层的部分，而潜意识扮演着相对重要的角色。

（3）弗洛姆的人格类型论

德裔美籍精神分析家弗洛姆（Erich Fromm）从社会文化的角度提出了人格分类的理论，把人格区分为如下几种类型：① 接纳型，以被动、屈从、怯懦、贪婪、轻信和伤感为特征。他们总想从他人那里获得他们想要的东西，如爱、知识、欢乐等。其人生格言是“一切依赖他人”。没有他人的帮助，他们连最简单的事情也不能做。② 剥削型，以敌意、挑衅、利己、强占、窃取、粗鲁和傲慢为特征。他们以强力或诡计来获取自己想要的东西。其人生信条是“获取我们所需要的”。③ 囤积型，以吝啬、多疑、迂腐、顽固、懒惰和占有为特征。他们从贮存或囤积中获得安全感，视消费为威胁。其人生格言是“世上没有新东西”。④ 市场型，以投机、应变、空想、虚无、冷漠和浪费为特征。他们把自己当作可出售的商品，将人格等同于货物。其人生信条是“买卖主义至高无上”。⑤ 生产型，以独立、自主、完整、自发、爱和创造为特征。他们能运用自身的力量去实现自己的潜能，能把自己与他人、与宇宙融为一体，能体验到生活的幸福和人生的意义。生产型人格是人类发展的最佳状态。

1.8.2.2 人格的人本论

(1) 马斯洛的自我实现论

美国社会心理学家马斯洛（Abraham H. Maslow）开创的人格理论，实际上是建立在需要层次论基础上的。马斯洛认为人生来就具有趋向健康成长从而发挥其潜力的内在动力。每个个体的这种内在动力就是他的成长动机。在个体成长过程中，其成长动机是一个寻求多个层次满足的过程。当个体的各种基本需要得到满足之后，其才会出现高层次的自我实现的需要。自我实现是成长的动力和目的。所谓自我实现，就是指个体与生俱来的内在潜能在成长过程中得到充分的展现。

(2) 罗杰斯的人格自我论

罗杰斯以其提出的“来访者中心疗法”而闻名。在他的人格理论中，核心的概念是自我或自我概念，他经常交替使用这两个术语。自我概念包含了以“我”为特征的所有观念、知觉和价值，还包含“我是什么”或“我能做什么”的认识。自我概念反过来又影响个人对周围环境以及对自己行为的认知。罗杰斯认为，个人总是以自我概念来评价每一个经验，使这些经验和感受与自我概念相和谐。这种在个人的自我概念中没有心理冲突的现象称为自我和谐，个人在一生中都在维护自我与经验之间的和谐。如果个人的经验和感受与自我概念不和谐，个人就会感到威胁，并且不让这些经验进入意识，以对事实的否认来保护自己。如果自我很不和谐，个人的防卫便会崩溃，并导致严重的焦虑或其他形式的情绪困扰。

自我不和谐有两种情况。一种情况是理想自我与现实自我之间的不和谐。理想自我指个人希望自己成为什么样的人，现实自我指个人认为自己是个什么样的人。罗杰斯认为，现实自我与理想自我不可能完全和谐，但个人在努力达到理想自我的过程中，如果能诚实地接受有关自我的信息，就能最大限度地发挥自己的潜能，逐步减少这种不和谐。另一种自我不和谐的情况是在有条件的积极关注下所获得的评价性经验与自己的直接经验不一致。在罗杰斯看来，个人在成长过程中，在有条件的积极关注下所获得的评价性经验是造成自我不和谐的一个重要原因。

人本论强调个人经验和自我在人格中的重要作用，强调人性善的一面，而反对弗洛伊德的性恶论。人本论概念已被广泛应用于心理咨询和治疗，并激励着更多的人去追求更高的心理境界和人生目标。但人格的人本论中的不少概念模糊不清，难以进行客观研究和测量。

1.8.2.3　人格的特质论

(1) 奥尔波特的特质论

特质论的提出是在 20 世纪 30 年代。人本主义心理学的创始人之一、美国心理学家奥尔波特（Gordon W. Allport）以个案研究法，从很多人的书信、日记、自传中分析出各种具有代表性的人格特质。所谓特质，就是指个人在大多数情境中表现出来的相对稳定而持久的特性。在奥尔波特看来，特质是人格的基础，也是人格的一个最有效的分析单元。

奥尔波特认为，人格结构中包含两种特质：共同特质和个人特质。共同特质是同一文化形态下人们所具有的一般性格特征。人们在共同特质上有多寡或强弱的差异。个人特质是个人独特的性格特征。个人特质又有三类不同的层次。第一类叫首要特质，它代表一个人的人格最独特之处。对一般人来说，具有首要特质的人并不多。第二类叫核心特质，这类特质的影响虽不及首要特质，但也代表个性的重要特征。例如，我们常用 5~7 个形容词来描述一个人，如聪明的、能干的、勤奋的、诚恳的……这些形容词描述的就是核心特质。第三类叫次要特质，这类特质只是个人在适应环境时的某些暂时行为，而不是一种固定的特征。次要特质是有助于预测个人行为的特定的、个人的特征，但次要特质对于理解个体人格的帮助要小得多。

（2）卡特尔的特质因素分析

奥尔波特和奥德伯特（Henry Odbert）通过对词典的检索，发现在英语中有超过 18 000 个形容词被用来描述个体之间的差异。自那以后，研究者一直试图在浩如烟海的特质词汇中确定基本的维度。美国心理学家雷蒙德·卡特尔（Raymond B. Carttell）运用因素分析技术，开创性地完成了这项工作。卡特尔使用奥尔波特和奥德伯特的形容词表作为研究起点，在大量的特质变量中通过因素分析，最终确定了 16 种人格因素。卡特尔将这 16 种因素称为根源特质，以区别于表面特质。表面特质是指一组看来似乎聚在一起的特征或行为。同属于一种表面特质的特征，其间关系很复杂，因此这些特征虽有关联，但不一定一起变动，也不源于共同的原因。根源特质指的是行为之间成一种关联关系，会一起变动而形成单一的、独立的人格维度。

（3）艾森克的人格维度

英国心理学家艾森克（Hans J. Eysenck）认为，可以借助维度的概念来描述人格的个体差异，对人格的类型加以划分。根据内倾-外倾和情绪稳定-不稳定这两个基本的人格维度，可以把人分成 4 种类型，即稳定内倾型、稳定外倾型、不稳定内倾型和不稳定外倾型。

艾森克运用维度的概念，实际上是把特质与类型的概念联系起来了。由于类型在实际生活中是一个更常用的概念，因而其理论颇具价值。但也必须指出，与特质相比，虽然维度的概念对于说明人格可能是更有用的，但也降低了对行为的预测性。

（4）“大五”人格特质分类模型

“大五”是目前最为流行的人格特质分类模型。卡特尔的 16 种人格因素似乎过于烦琐，而艾森克的内-外向性和情绪稳定性两个维度又似乎太简单。不少学者借助自然语言样本重新做了分析。图佩斯（E. C. Tupes）和克里斯特尔（R. E. Christal）对从只受过高中教育的空军士兵到一年级研究生的八组不同被试样本的相关矩阵进行了重新分析，这些数据包括同伴评定、导师和教师评定，以及经验丰富的临床医师的评定，结果发现有五个相对显著和稳定的因素。之后，不少学者对美国、德国、荷兰、英国、菲律宾等许多国家的被试样本加以研究，都重复得到了五因素结构。按科斯塔（Paul Costa）等的总结，这五个超级因素及其特质分别是：

① 开放性（openness），具有想象、审美、感受、行动、观念、价值等特质；② 认真性（conscientiousness），也称可靠性，具有胜任、有条理、尽职、成就、慎重、自律等特质；③ 外倾性（extraversion），具有热情、爱社交、果断、活跃、冒险、乐观等特质；④ 适宜性（agreeableness），具有信任、直率、利他、依从、谦虚、移情等特质；⑤ 神经质（neuroticism），也称情绪性，具有焦虑、敌对、压抑、自我意识、冲动、脆弱等特质。恰好，这五个因素英文单词的第一个字母构成了“ocean”一词，代表了“人格的海洋”。这些因素之所以被称为“大五”，不是说它们多么重大，而是强调这五个因素中的每一个因素都极其广泛。有的学者甚至认为，目前“大五”人格成了“人格心理学里通用的货币”，是对人的基本特质最理想的描述。这些年来，“大五”在我国也很流行，也确实在很大程度上证实了其普适性。例如，比较异性恋与同性恋的研究，以及基于性别、性取向及性角色的研究，都证明了“大五”结构的稳定性，但也显示出特定的生物及文化因素对人格的影响。

1.8.2.4 人格的学习论

行为主义者是否认人格这个心理学概念的。操作条件作用理论创始人斯金纳（Burrhus F. Skinner）认为人格是一个虚构的概念。他既反对精神分析论的人性是被动的主张，也反对人性是主动的主张，认为一切行为习惯都是习得的，人格只不过是习得的行为模式的集合或习惯性行为。从学习论的观点来看，像其他习得行为一样，人格也是通过经典条件反射和操作条件反射的过程形成的，包括对他人行为的观察、强化、消退、泛化和辨别等各种过程。

学习论强调学习在人格形成中的决定作用。行为主义者甚至认为，人格中的一切都可以用学习来加以解释，先天的稳定人格特质是不存在的。像诚实、可靠这些特质都是虚构的，不存在跨情境的一致性。因为在学习论者看来，人格测量无助于我们预测一个人在特定场合是否诚实。例如，一个诚实的人会把拾到的钱包交还给失主，但是他可能会在一次小测验中作弊，也可能会在驾车时超速行驶。总之，所有的行为包括各种特质都是由外部情境决定的。这种观点可以用美国心理学家多拉德（Dollard）和米勒（Miller）的看法来加以说明。他们认为，只有当一个人想要些什么、注意些什么、做些什么以及获得些什么时，学习才能发生。各种习惯行为的习得是受学习中的驱力、线索、反应和奖赏四种成分控制的。例如，一个小男孩的玩具汽车被他的哥哥拿走了，这个小男孩此时会怎么做？是向他的哥哥要回来，还是去找妈妈告状？这取决于这个小男孩过去做出反应的效果和当时的情境线索。如果过去他曾成功地通过告状要回了玩具，而自己问哥哥要则要不回来，这次他看到妈妈在家，就会再次去告状；如果他看到妈妈不在家，或者哥哥的态度很凶，这个小男孩可能会选择其他的反应方式。多拉德和米勒就是用驱力—线索—反应—奖赏的共同效应来解释这个小男孩所形成的习惯行为反应的。

社会学习理论家罗特（Julian B. Rotter）则强调心理情境、期望强化价值和自我强化在习惯行为习得中的作用。罗特认为，我们的基本行为模式是在社会情境中学得的，个人在寻求满足时必须有他人作为媒介。对于一个人的持久性行为倾向，只了解当时行为反应的外部情境是不够的，还需要了解这个人的心理情境，即个人是如何对特定情境进行解释和定义的。例如，对于一次考试的失败，这个人会做出什么样的行为反应？罗特认为，这取决于这个人对这一失败结果的解释和定义。如果解释为自己没有能力，他可能会放弃；如果解释为是一种挑战，他就会继续努力。个人对情境的主观解释决定其做出何种反应。期望是指个人对自己的反应是否将引起强化的预测。例如，如果这个人过去曾有通过努力学习最终获取成功的经验，这时若他以自己过去经验来预期，则更有可能激发自己更加努力地学习。如果凭过去经验不足以预测自己的行为反应，那么对未来强化的期望也会激发他更加努力地学习。而对强化的期望又取决于强化价值，即这个学生看重考试分数的情况。如果这个学生还运用自我强化，即人对自己行为给予积极评价时所得到的强化，那么他努力学习的习惯行为就更容易形成。罗特就是用心理情境—期望和强化价值—自我强化的综合效应来解释行为习惯的形成的。

人格的学习论较前三种人格理论所提供的理论框架更具科学性。学习理论家在研究中始终强调严格的实验控制和对假设的验证，但是学习论在气质、情绪、思维和主观经验的理解上因缺乏深度而受到批评。虽然社会学习论在这方面有很大的进步，但整体上仍然忽视了人的主观能动性。总之，上述各种人格理论在解释人格时都有其优势，同时也都有局限性。

1.9 心理发展和心理健康

1.9.1 心理发展阶段

(1) 婴儿期

婴儿期是自出生至 2 岁止。这一时期虽只占生命全程约 2%的时间，但它是发育中非常快速且最引人注目的阶段。

人天生就是一个社会动物。婴儿的社会交往始于他和养育者之间的密切关系。出生后约 1 个小时，如果婴儿待在母亲的身边，就会注视母亲的脸，而母亲也会注视他，并轻轻抚摸他。之后，婴儿会发出“咕咕”和“咯咯”的声音，以吸引他人特别是其父母或养育者的注意。从 8 个月左右开始，婴儿见到陌生人时会哭闹，并由此发展出一种对陌生人的恐惧，称为陌生人焦虑，同时依恋着自己熟悉的养育者。依恋是婴儿依附于养育者（大多是母亲）的一种社会情绪性联系。依恋关系不是先天预设的，而是后天形成的。一些因素的共同作用形成了亲子联结。出生后婴儿逐渐对那些给予舒适的身体接触、熟悉且对其需求有反应的人（通常是其父母）形成依恋。据英国精神分析师鲍尔比（John Bowby）的研究，婴儿依恋关系的形成可分为四个阶段：① 前依恋关系阶段（约在第 1 个月）。其典型特征是预适应性，好像为婴儿预先安排了与人类的交流，例如，婴儿对人类声音和面孔的偏好，其运动与成人言语保持同步，视力范围大概是能看到母亲面孔的距离。② 形成中的依恋关系阶段（第 1 年的上半年）。其典型特征是婴儿的哭叫、微笑、吸吮、固定不动、黏附依靠、观看及眼睛追随移动的行为与重要成人保持联系且已清晰可辨。婴儿表现出对熟悉面孔微笑，而对不熟悉面孔的微笑反应明显减少。③ 明显的依恋关系阶段（第 1 年的下半年）。婴儿有明显的依恋行为，不仅通过微笑、哭叫、伸手接近等方式吸引母亲的注意，还能够爬行，抱住母亲的腿，攀附在母亲身上，用双手抱住脖子或紧紧抓住围裙后面耷拉下来的带子等。④ 纠正目标的依恋关系阶段（第 2 年）。婴儿已有了自我观念，开始理解他人的某些观点，逐渐学会对他人和父母的行为结果做出推断。随着对因果关系的认识，婴儿会用更微妙的方式依恋于母亲，甚至控制母亲。不同类型的依恋关系对孩子今后的行为有重要的影响。安全型依恋的孩子在幼儿园和学校表现为更有能力、更独立自主、更好奇、更有弹性。他们也更自信，更具有社会能力。无组织或无定向型依恋的孩子很可能在应对压力方面有困难，有更多的问题行为。而不安全型依恋的孩子很可能在今后的生活中表现出焦虑与机能上的紊乱。

（2）幼儿期与儿童期

孩子从 2 岁至 11、12 岁，身心发展迅速，很难把幼儿期与儿童期截然分开。

瑞士心理学家皮亚杰（Jean Piaget）提出的用以解释儿童智力发展的认知发展理论，是关于儿童认知发展的开创性的和最有影响力的理论。皮亚杰认为人的发展是一个适应的过程，适应的最高形式是认知。认知发展的动力是个体不断努力将自己的经验赋予意义。儿童是积极的思考者，不断试图构建关于世界的更复杂的理解。每一个体都有其认知结构，皮亚杰称之为图式。图式是个体灌注经验的心理模具，如儿童头脑里关于猫、狗、书、爱等的概念。那么，个体是怎样使用和调整图式的呢？皮亚杰提出，个体会同化新的经验，即用个体现有的图式去理解它们。例如，初学步的孩子有一个“狗”的图式，他会把所有四足动物都叫“狗”。个体也会有调整或顺应，从而使图式适合新经历的特殊性。不久，儿童会认识到先前“狗”的图式过于宽泛，并进而对这些概念加以区分，会特别注意动物的头面部，从而区分出“猫”和“狗”。儿童认知的发展，就是儿童以同化和顺应在与世界发生交互作用的同时，构建并调整自己图式的过程。

皮亚杰认为，认知发展分为四个阶段，按顺序进行，每一个阶段的儿童都具有对这个世界不同的感受，并且对这个世界采取不同的适应方式。

他把从婴儿期到儿童期大约 12 年个体认知的发展分为四个阶段，即感觉运动阶段（0~2 岁）、前运算阶段（2~7 岁）、具体运算阶段（7~11 岁）和形式运算阶段（11 岁以上）。在皮亚杰看来，上述四个阶段中的每一个阶段，思维的主要特征都影响着儿童理解这个世界的所有方面，包括他们关于空间、时间、数、语言、偶然性等各个方面的观念。

与皮亚杰的“儿童中心论”截然不同，在苏联心理学家维果茨基（Lev Vygotsky）看来，儿童并不是通过单独活动，而是在由有共同文化的人组成的社会中获取知识的。儿童正是通过言语交流，才成长为一个思考者和学习者。维果茨基认为，幼儿的自言自语具有高度的社会性，具有调节行为、表达需求并向思维转化的功能。他强调言语对儿童认知发展的重要作用。依据社会文化促进认知发展的观点，维果茨基进而提出他的“最近发展区理论”。所谓最近发展区，是指从儿童实际认知发展水平到他可能认知发展水平之间的差距。前者由儿童独立解决问题的成就来确定，后者则是指在成人的指导下或是与能力较强的同伴合作时，该儿童表现出来的解决问题的能力。因此，实际认知发展水平代表儿童认知发展当前的能力，最近发展区的上限代表儿童认知可能发展的最大潜力。维果茨基认为，研究儿童的认知发展、教授儿童知识，都不应只注重儿童的实际认知发展水平，而应更注重其最近发展区。这个理论不仅论证了个体认知发展的社会起源，突出了教学的作用、教师的主导作用以及同伴影响与合作学习对儿童认知发展的重要意义，而且也启发了我们对儿童学习潜能的动态评估。

（3）青少年期

青少年期是指从青春期开始到身心渐臻成熟的发展阶段，是从儿童期向成年期过渡的时期。青少年期的年龄范围很难明确划定，大体上从 11 岁或 12 岁进入青春期到 20 岁左右进入成年期。

这一时期的青少年会很好地思考他们在假想的他人眼中是什么样子，因而就有一个要适应自己不断变化的外表的问题。青少年经常会想象在一个“假想的观众”面前，他们的外貌和行为是什么样的。这个“假想的观众”其实就是他们的自我意识。由于自我意识的增强，青少年经常认为自己的行为在他人眼里是非常重要的，而且会因自己的感受而变得烦躁或产生困扰。由于自我意识的增强，青少年不能把自己对自己的感受和他人可能对自己的感受区分开来，往往产生以自我为中心的心理。这一时期，同伴关系对于青少年的成熟和发展具有十分重要的作用。因为青少年所关心的外表容貌、衣着服饰、受人欢迎与否、男女间的关系等问题，往往是通过同伴间的交谈、议论而得到解答的。年龄相当的同伴的意见有助于他们确立自我形象。

美国神经病学家埃里克森（Erik H. Erikson）在其《同一性：青年与危机》中详细描述过青少年自我同一性和角色混乱的观点。自我同一性是一种对于我是谁、我将走向何方、我在社会中处于何种地位认知的稳定连续感。自我同一性是在应对许多选择中形成的：什么样的职业是我想要的？我该信仰什么宗教、道德和政治价值？作为有性别的我该承担什么责任？茫茫人海中我的位置在哪里？埃里克森认为，虽然自我同一性在整个生命周期中都很重要，但是青少年期是自我同一性最混乱的时期。青少年普遍经历着一个心理社会的“延缓期”，在这一时期他们可以对自我同一性的不同方面进行探寻，而不需要最终一起去执行。

青少年时期是个体生理、心理发生急剧变化的特殊时期，是从不成熟过渡到成熟的重要转折期，社会适应是青少年社会化的重要目标，也是衡量个体发展的重要指标。青少年通过学习、交往、社会实践等活动来不断提高自己的社会适应能力，并逐渐成为有个性的、成熟的社会成员。

（4）成年期

成年早期从20多岁到35或40岁左右。成年早期发展的主要内容是成家立业，并生育子女等。在20多岁时，人最忧虑的问题是求偶、择业和就业。30岁左右的大多数夫妇已生育子女，既要赡养父母又要养育子女，既要干事业又要干家务，生活是很紧张的；到子女渐渐长大时，还要为子女上幼儿园、升学而忧虑。成年期要发展适当的兴趣、角色态度和价值观，社会期待个体肩负起成人的责任，其行为应符合该社会文化的要求，扮演好配偶、父母、独立的劳动者等角色。一个成年人如果不能适应人们所期望的成人标准，就会遇到挫折，这会影响他/她中年期工作、生活各方面的发展，也会影响晚年生活的幸福。

成年中期也叫中年期，从35或40岁至60或65岁，是个人一生中在家庭生活及职业上的高峰期。中年人在各行各业所取得的成就、社会地位和声望，都深受人们赞赏。中年期社会化的中心问题是事业的发展和生理上的变化。随着生殖期的终止（女性停经、男性进入更年期），中年人不仅在生理上有明显的变化（如出现肥胖、秃顶、老花眼等），健康状况也开始走下坡路。但由于中年人知识经验丰富，加上以往的工作基础，社会对中年人的期望很高，因而中年人的工作负担和生活负担往往特别沉重。现代女性多半因更年期不再受月经与怀孕的困扰，反而对性生活更觉得自由。不过，也有些妇女因停经期开始，自觉丧失生育能力，以致情绪低落。这种现象称为更年期抑郁。更年期抑郁是形成中年危机的主要原因之一。然而，中年危机并非都与更年期生理变化（如内分泌改变）有必然的联系，它的产生主要是个人心理适应的问题，如怎样担负起社会责任，担负起对自己的父母和子女的责任。大多数中年人还面临退休后的生活适应问题。

成年晚期也叫老年期，是人生历程接近尾声的时期。习惯上，把 60 岁或 65 岁作为中年与老年的分界。但是，单纯以年龄作为老年期开始的标志是不准确的，因为老化带来的各种特殊变化所发生的年龄往往因许多因素而异。老年期虽然是生理明显老化和机能衰退的时期，但近年来，由于生活环境的改善和保健的增进，大部分人在 65 岁甚至 70 岁出头时，心智和生理方面才开始出现特殊的老化现象。从社会性角度看，老年人的社交范围逐渐减小，男性和女性的差别在日益缩小，开始趋于中性。对于健康的老年人来说，这一时期也是充满个人成就的时期，有不少追求自由选择和探索的机会。老年人只要保持着活力，在许多方面的表现可以像中年人一样，虽然他们中大多数人已离开工作岗位，身体疾病发生率日益增加，但许多人凭借环境和个人的支持还是能过上圆满的生活。老年期可划分为三个亚阶段：精力充沛的中老年期（65 岁到 75 或 80 岁）、迟缓的高龄期（75 或 80 岁到 90 岁）、虚弱的老迈期（90 岁以上）。目前，我国已经步入老龄化社会，随着年龄的增长，疾病发生率明显增加，许多老年人自然会产生经济、身体和情感依赖等问题。怎样使老年人幸福地安度晚年，也是构建和谐社会的一个重要课题。

1.9.2 心理健康

心理健康又称为心理卫生，是指个体各种心理状态（如一般适应能力、人格健全状况等）保持正常或良好水平，而且自我内部（如自我意识、自我控制、自我体验等）以及自我与现实环境之间保持和谐一致的良好状态。

心理健康包含以下四种状态：① 正常的健康状态。以有无心理疾病、心理功能是否良好为判断尺度，表现为身体、智力、情绪等处于协调状态。② 正常的平均状态。从统计角度强调正常和异常之间的程度变化，处于正态分布中间范围的为正常状态。③ 正常的理想状态。以此评价个体的行为而非描述其行为，如幸福感和满足状态等。④ 正常的适应状态。正常是一种不断发展进步的过程，心理健康者能够不断地在职业或工作中学习有效的技巧来应对现实中的紧张状态。例如，能发挥自己的能力，有效工作和学习，适应周围环境，在人际交往中彼此谦让。

心理健康标准是社会适应性标准的具体化体现，从个体心理发展水平及其功能角度看，为多数人所共同具有的状态是评价心理健康与否的标准。心理健康标准的制定存在七种标准依据：以医学上身体症状存在与否为标准；以统计学的正态分布为标准；以是否符合社会规范为标准；以社会生活适应状况为标准；以个人主观体验为标准；以心理成熟与发展水平为标准；以心理机能是否充分发挥为标准。显然，第一条是心理健康的底线标准，第二至六条是心理健康的常规标准，第七条是心理健康的理想标准。

对心理健康的判断存在两种指导原则：众数原则和精英原则。心理健康的常规标准依据众数原则，心理健康的理想标准依据精英原则。美国心理学家马斯洛（Abraham Maslow）提出的自我实现者，罗杰斯（Carl R. Rogers）的机能充分发挥者，奥尔波特的成熟者，弗洛姆的创造者等都是依据精英原则提出的心理健康标准。相关学者认为符合以下标准可以看作处于心理健康状态。

（1）马斯洛的心理健康标准

马斯洛认为，判断一个人心理健康有十条标准：① 是否有充分的自我安全感；② 是否对自己具有较为充分的了解，并能恰当地评价自己的能力；③ 自己的生活理想和目标是否切合实际；④ 能否与周围环境保持良好的接触；⑤ 能否保持自己人格的完整与和谐；⑥ 是否具备从经验中学习的能力并善于从经验中学习；⑦ 能否保持适当和良好的人际关系；⑧ 能否适度地表达和控制自己的情绪；⑨ 能否在符合集体允许的前提下有限度地发挥自己的个性；⑩ 能否在社会规范的范围内适度地满足个人的基本需要。

（2）奥尔波特的心理健康标准

美国心理学家奥尔波特提出心理健康有六条标准：① 是否能力争自我成长；② 能否客观地看待自己的能力；③ 人生观统一与否；④ 是否有与他人建立亲密关系的能力；⑤ 人生所需的能力、知识和技能获得状况；⑥ 具有同情心，对自己的生命充满爱。

（3）张春兴的心理健康标准

我国台湾心理学家张春兴提出心理健康有五条标准：① 情绪稳定，无长期焦虑，少心理冲突；② 乐于工作，能在工作中表现出自己的能力；③ 能与他人建立和谐的关系，而且乐于与他人交往；④ 对自己有适当的了解，并且有自我悦纳的态度；⑤ 对于生活的环境有适当的认识，能切实有效地面对问题，解决问题，而不逃避。

（4）一般的健康标准

综合国内心理学工作者提出的心理健康标准，一般的心理健康标准共有八条：① 能认识自己，具有悦纳自己的态度；② 能接受他人，人际关系和谐融洽；③ 正视现实，接受现实，能适应不同环境；④ 热爱生活，乐于工作、学习；⑤ 能协调和控制自己的情绪，心境稳定；⑥ 人格完整与和谐；⑦ 智力正常；⑧ 心理和行为符合自己的年龄特征。

第二章 核事件中心理应激反应

2.1 心理应激反应概述

“应激”（stress）一词最初的含义是指“物理上的张力或压力”，引入人的生活领域之中则被用来表示能导致个体辛苦和面对困难、逆境时的那些压力。应激有良性应激和不良应激之分，适度的良性应激对维持个体的身心平衡是有益的，而不良应激则会使人感到受挫、苦恼和痛苦。

个体在观察和认知到情境中的压力时，会做出保护性反应，即应激反应。导致应激反应的情境或事件，称为应激源。心理应激反应是指个体由应激源所致的各种生理、心理、行为方面的变化，也称为应激的心身反应。

核事件属于突发公共事件，可能造成重大的人员伤亡、财产损失、生态环境破坏。这些恐怖的后果给人类带来了巨大的威胁，加之其发生具有不可预见性，人类个体或群体无法利用现有资源和惯常机制加以处理，属于典型的压力甚至“危机事件”。因此，核事件必然会引发相应地区个体和群体的应激反应。但是由于个体的易感性、认知评价、社会支持等存在差异，其反应的表现方式和轻重程度会有所不同。另外，随着核事件的发生和发展，应激反应也会随之出现阶段性变化。

2.2　心理应激理论模型

有关应激的研究由来已久，最早可以追溯到古希腊时代，近几十年来，多个学科从医学、生物学、文化学、生态学、社会学、心理学等不同的角度对应激进行了探讨，并从各学科角度出发提出了相应的观点和理论，目前为止已形成几种主流的理论模型。

（1）一般适应综合征模型（GAS）

加拿大病理生理学家塞里（Han Selye）于1936年提出应激学说。他认为应激是机体对外界或内部各种刺激所产生的非特异性应答反应的总和。这一理论不再把应激看作是一种产生压力的实体本身，而是看作由某种实体或压力在人类或动物有机体内所引起的一系列生理生化变化过程。他认为不论应激由何种原因引起，机体都以一种特殊的模式做出反应，这种模式称为“一般适应综合征”（general adaptation syndrome，GAS）。塞里的学说在生物医学界产生了巨大影响。此后许多应激研究都是在此基础上的修正、充实和发展。但塞里的经典理论随后被证明存在不足，主要是由于该学说忽略了应激的心理成分。

（2）交互作用模型（CPT）

几乎与塞里同时开始，心理学界就已经关注社会生活中的紧张事件对人的影响。早期心理学界对应激的研究更多侧重于应激源方面，特别是心理社会应激源。而随着研究的深入，心理学家越来越认识到许多与应激有关的中间心理社会因素如个人的认知评价、应对方式在应激中的意义。20世纪60年代，美国心理学家拉扎勒斯（Richard S. Lazaras）等提出认知评价在应激中的重要性，拉扎勒斯曾指出，应激的发生并不伴随特定的刺激或反应，其发生于个体察觉或评价一种有威胁的情景之时。此后，拉扎勒斯等进一步研究应对方式在应激过程中的重要性，提出了交互作用模型（cognitive-phenomenological-transactional，CPT）（图2-1）。

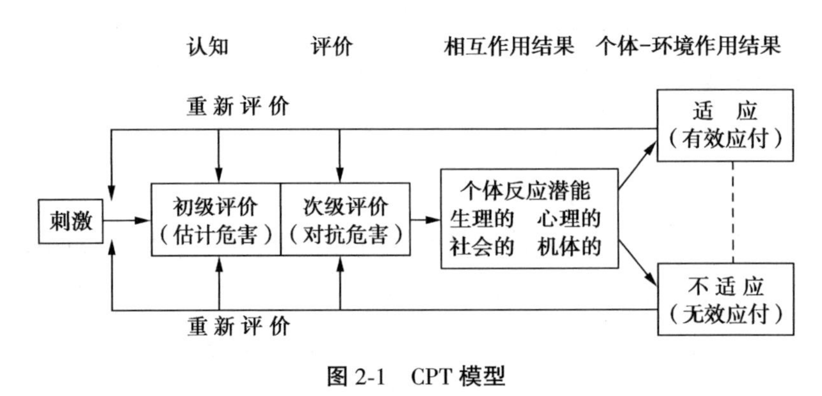

图2-1 CPT模型

受个体认知评价和觉察的影响，当个体意识到对外界的刺激情境需要做出较大努力才能进行适应性反应，或这种反应超出了机体能承受的范围时，其就会发生心理、生理失衡即紧张反应状态。心理紧张反应体现在机体会产生紧张、激动、焦虑不安，甚至恐惧、愤怒的情感体验，并在行为表现、认知能力、生理生化等方面发生一系列变化。

CPT理论是从个体和环境之间关系的角度对应激进行定义的，并且充分考虑到个体的认知评价、特定情境以及个性差异的影响，它是一种典型的心理学模型。

2.3　心理应激反应阶段

塞里将应激反应分为三个阶段：警觉阶段、抵抗阶段和衰竭阶段。

（1）警觉阶段

个体意识到有害刺激的存在，为了应对和适应而唤起体内的防御能力。

（2）抵抗阶段

由于有害刺激继续存在，机体通过提高体内各器官组织的机能水平以增强对环境的抵抗能力。

（3）衰竭阶段

当有害刺激持续不减或加重时，机体将会丧失抵抗能力转入衰竭阶段。

塞里的理论主要集中于生理应激反应的探讨。之后，美国心理学家凯普兰（Gerald Caplan）发展了心理应激反应阶段理论，将应激反应分为四个阶段。

第一阶段（冲击期），危机事件突然发生时，个体感受到环境的变化，内心失衡，表现为警觉性提高，感到紧张。采用常用的应对机制来拮抗焦虑和不适，以恢复原有的心理平衡。

第二阶段（抵抗期），常用的应对机制不能解决目前所存在的问题，创伤性应激反应持续存在，生理和心理的紧张加重并恶化，个体的社会适应功能明显受损或减退。

第三阶段（调整期），个体的情绪、行为和精神症状进一步加重，促使其应用尽可能多的应对或解决问题的方式以减轻心理危机和情绪困扰，其中也包括社会支持和危机干预等措施。

第四阶段（衰退期），个体由于缺乏足够的社会支持，应用了不恰当的心理防御机制等，使得问题长期存在、悬而未决。可能出现明显的人格障碍、行为退缩、自杀或精神疾病。

2.4 心理应激反应分类及表现

2.4.1 个体心理应激反应

对于多数人来说，核事件并不会给生活带来永久性或极端的影响，一般情况下应激反应会持续 6~8 周，之后个体即能通过自我调适和社会支持逐步恢复平衡状态，重塑对生活的信心。只有少数反应严重的个体才会进入衰竭阶段（第四阶段），出现应激障碍。个体的应激反应通常表现在生理、情绪、认知和行为四个方面。

（1）生理方面

核事件发生初期，个体因对辐射、核等概念陌生和恐惧而感到紧张，会出现眩晕、麻木、不知所措等状态。在抵抗阶段，由于激动、焦虑、痛苦、恐惧等情绪的产生，肠胃功能和神经系统会受到影响，个体容易出现肠胃不适、食欲下降、睡眠紊乱等现象；或者由于精神过度紧张和疲劳，出现头痛、失眠、噩梦频繁，精神状态受到严重影响。如果生理功能长期紊乱，则个体有可能进入衰竭阶段。因个体免疫功能下降和内分泌紊乱，疾病的易感性升高，这会直接增加个体罹患某些疾病的可能性。

（2）情绪方面

遭受核事件的个体的情绪在不同阶段表现为恐惧、悲伤、愤怒、常态等有规律的变化。

冲击期个体的情绪反应激烈，以出现惊骇、焦虑、疑病和恐慌最为普遍。焦虑心理的表现包括紧张不安、烦躁、提心吊胆以及高度警惕等。

这种瞬间的惊骇、焦虑引发的激烈情绪和行为，还可能会转为情绪抑制、反应淡漠。1945 年日本广岛、长崎的原子弹爆炸后，一些受伤者聚集地的人们悄无声息，连孩子也不哭，极少有言语。有些研究者描述他们变得心神衰颓，像一个机器人在走动。

同时，冲击期一些受难者亲属或相关工作者也可能会出现心理封闭或情绪麻木，表现为情绪上毫无变化，一心要寻找亲人或执行任务，排斥其他刺激的干扰。

在抵抗阶段，公众由于对核事件的困惑和对长期影响的不确定，心理健康水平迅速下降并持续保持在较低水平，主要情绪表现为悲伤、内疚和愤怒。

这一时期，幸存者在经历了种种身体和心理折磨后，混乱的情绪随着处境转安而稳定下来，其有机会理智地考虑所经历的事，许多人为亲友的伤残、财产损失悲痛或内疚。另外，由于核事件的发生有可能涉及人为操作失误、设备故障甚至破坏袭击，个体可能会对有关责任部门或人员产生愤怒甚至憎恨的情绪，而防护和救治中的任何失误均有可能造成个体的抱怨或敌对。

在核事件后的调整期，随着个体对核事件的了解，情绪状态也会逐渐恢复常态。

(3) 认知方面

核事件突然发生时，个体在认知方面主要表现为注意力难以集中、健忘、效率降低，不能把思想从核事件中转移等。常有人对自我、他人和前景表现出负性思维。在核事件后一段时间内，个体对各种活动的兴趣都显著降低，乐观情绪减少，甚至出现仇恨和怀疑心理，责难事件的责任方，思考与理解困难，判断失误，对工作和生活失去兴趣等。

(4) 行为方面

核事件发生初期，由于对一些核相关知识知之甚少，人们往往会表现出逃避行为，如采取各种方式自我隔离，避免与外界接触，逃避与核辐射、核泄漏有关的信息、谈话；个体也很可能表现出强迫行为（反复洗手、反复消毒）；还有可能出现典型行为习惯的改变，如暴饮暴食或厌食、酗酒等。有些人可能表现为软弱无力，各项功能发生退化，依赖他人，毫无主见。在事件发生后的中间阶段，个体会因对人为灾难的指责、不信任，出现言行过激、网络泄愤等行为。在事件发生后期，随着个体对核事件的深入了解，其行为将出现明显变化，过激行为减少，科学的、规范的行为增多，个体会依据科学知识采取合适的防护措施，总结经验并摒弃有害健康的陋习，积极开展体育锻炼，注意合理膳食，保护卫生环境。

2.4.2 群体心理应激反应

个体的恐怖、焦虑、无助等心理应激反应的传播和蔓延，最终可能引发群体的心理应激反应。群体心理应激反应主要表现在四个方面。

（1）群体恐惧、恐慌心理加剧

恐惧是指人们不知如何摆脱或逃避威胁时的情绪体验。这种情绪体验往往是由刺激直接引起的，以生理本能反应为主。它多出现在突发事件初期。而恐慌心理偏重于心理情感性，它是由恐惧引起的，多出现在突发事件后期。恐慌心理更具社会传播性和传染性。尤其是随着媒介迅速传播的负面信息，会在灾害发生区域之外产生心理震荡，甚至会引起全社会的恐慌。在美国“9.11”恐怖袭击后的3~5天，研究者采用随机拨号的方式采访了全美560名成人，询问他们自己和孩子对于事件的态度：90%的受访者出现不同程度的应激反应，44%的受访者一直处于应激状态，35%的孩子出现至少一种应激反应。在非纽约市的居民中，17%的居民在恐怖袭击2个月后仍有创伤后应激症状，6个月后仍有5.8%的居民表现出创伤后应激症状。人们担心未来还会发生恐怖袭击，而自己或身边的人会成为受害者。

（2）群体焦虑感增加

焦虑是由紧张、不安、焦急、忧虑等感受交织在一起的情绪状态，在核事件发生初期，公众对于核事件的认识有限，尤其是对其对健康、经济、环境造成的影响和波及事件尚无清晰认识，加之广大群众不能及时获得有关信息。这些未知的问题使个体和群体处于控制感缺乏、困惑迷茫的情境，使群体感到提心吊胆、惶惶不安、忧心忡忡。即使核事件已经结束，这种焦虑情绪却可能长期存在。人们表现出烦躁、易怒、注意力不集中、记忆力下降等症状。

（3）民众安全感降低

核辐射引起的高风险情境会引发谣言滋生蔓延，在真实信息真空的情况下，谣言替代性表达公众在灾难后的震惊和愤怒等负面情绪，这会使人获得控制感。而人们在强烈寻求安全感情绪的推动下，常常失去了平时的判断能力，一般没有欲望或动力去验证和调查信息的真实性；同时，危险和骚乱的情境也会让人们变得更加敏感，因此就更愿意传播或听信谣言。小部分人群会出现过激行为，如集体抢购、大量储备药品、食品等，或者发生规模性的逃离等行为。

（4）群体心态动荡

由于核事件多属于人为灾难，相对于自然灾难往往存在责任方，会产生追责、赔偿、诉讼等社会问题，这些过程也会产生更大的压力和心理负担。当责任不明确、无人负责、赔偿不公平等情况出现时，导致群体的愤怒情绪。如部分民众在自身诉求迟迟未得到回复或外部信息与自身意愿差距过大时，容易出现非正常或过激的言行，例如攻击、网络泄愤和群体冲突，甚至群体暴力等。

随着时间推移，公众开始得到更多有关事故处理信息和核相关的卫生保健知识，对事件的认识趋向科学化和理智化。群体逐渐冷静下来，开始重拾控制感，逐渐恢复至事件之前的平衡状态。

2.5 心理应激反应的调节

在应对核事件这类灾难事件时，人群受到了不同程度的心理冲击，从而引发精神紧张；同时，人们自身会寻求一种方法，调节和安抚自身心理状态。研究表明，随着时间的流逝，灾难事件幸存者的痛苦情绪总体呈显著下降趋势，具体发展速度因事件的严重程度、波及面、事件性质有所不同。应激反应的调节方法一般分两类，具体如下。

2.5.1 主动、向外、释放和进取

第一类调节方法的特点是主动、向外、释放和进取。这类方法的共同点是以向外投注精力的方式减少内部心理压力，表现方式可能有发愤工作、努力学习、培养兴趣爱好、参加公益活动、走门串户、寻求支持与安慰，或者寻衅滋事、制造麻烦、冲动蛮干、损及他人。

2.5.2 抑制、退缩、被动和消极

第二类调节方法的特点是抑制、退缩、被动和消极。这类方法的共同点为注意力保持在自身，通过否认、压抑、隔离、退行、躯体化等方式减轻心理负担，如否认噩耗、拒绝承认、事不关己、自装糊涂，或者吸烟、酗酒、服药，行为退化、抱病养伤、信仰宗教等。

人们应对和调节心理失衡的方法，受情境和自身性格的影响而不同，对同一事件，也可能相继使用几种方法。

第三章 核应急心理危机评估

3.1 核应急心理危机评估概述

随着核技术在越来越多领域的应用，核设施发生意外也不可避免。在突发公共卫生事件中，核事故是后果最为严重的事件之一。虽然核事故不常发生，但是一直以来，大家都“闻核色变”。核事故会给当地的经济发展和生态环境带来巨大损失，还会严重威胁人们的身体健康，给居民带来的心理影响也不容小觑。有研究表明，核事故的灾后综合征对公众影响更为持久，包括紧张、情绪紊乱、压抑、焦虑等精神方面的表现，也包括高血压、全身不适、心血管疾病等临床表现症状。因此，核事故对人类造成的心理影响非常值得大家的关注，而对应的核应急心理危机评估体系也应该日趋完善。

3.1.1 核应急心理危机评估的概念

核应急是为了控制核事故、缓解核事故、减轻核事故后果而采取的不同于正常秩序和正常工作程序的紧急行为，是政府主导、企业配合、各方协同、统一开展的应急行动。心理危机这一概念最早是在1964年由凯普兰提出的，是指一个人在其能力暂时不足以应对发生的事件时产生的暂时心理失衡状态。突发的核事件会使人产生行为、情绪、认知上的一系列变化，产生这种反应后得不到正确的引导就有可能导致心理危机，因此核事件之后的应急心理危机干预显得尤为重要，而干预的第一步便是核应急心理危机评估。核应急心理危机评估是指在核事故发生后立即系统化地搜集核事故中个人及其有关的环境信息，了解人们的身心状态，并以这些信息为基础对个体某一心理现象做全面、系统和深入的客观描述，并给出恰当的方案。

3.1.2　核应急心理危机评估的重要性

人们往往会对核能及核辐射心存恐惧，这主要是由于公众对核能的认识大部分来源于核爆炸、核泄漏等一些负面事件，又由于锚定效应的存在，因此其会存在一种核事故必定会造成灾难性后果的思维定式。正因为如此，核事故的灾后综合征对公众影响更为持久，会造成紧张、情绪紊乱、压抑、焦虑等精神方面的表现，也会引发高血压、全身不适、心血管疾病等临床表现。在美国三哩岛核电站事故发生4年后的研究中，约5%的成人观察到明显的心血管系统改变，约50%的人抱怨有胸痛症状，一半以上的成人不能确定自己是否正遭受辐射相关疾病困扰，核电站废物清理人员出现工作变动频繁、孤僻、家庭不稳定、离婚、酗酒等与精神压力相关的心理或行为表现上的改变。在巴西戈亚尼亚核事故之后，也有学者进行了研究，该研究比较了三个被试组：在此事件中受到低水平电离辐射的被试组、因害怕辐射暴露而经历预期压力的受试者以及一个非辐射对照组。该研究表明，由于受到威胁或实际的辐射暴露，人类会出现性功能减弱和神经内分泌变化。

除了上述研究中提到的心理方面的改变以外，核事故的亲历者所患的创伤后应激障碍（posttraumatic stress disorder，PTSD）也是常见的心理症状之一。这是一种会使人身心衰弱的精神障碍，在药物治疗的条件下，痊愈率仅有 20%~30%。世界卫生组织（WHO）的调查显示，20%~40%的人在灾难之后会出现轻度的心理失调，这些人不需要特别的心理援助，他们的症状会在几天至几周内得到缓解。30%~50%的人会出现中至重度的心理失调，及时的心理援助会使症状得到缓解。而在灾难发生后 1 年之内，20%的人可能会出现严重的心理疾病。有研究对切尔诺贝利核事故的污染区和对照区进行了事故前和事故后的比较。比较发现，事故发生后女孩比男孩更易情绪激动，在经常讨论辐射后果问题的医生和教师的家庭里，儿童的心理症状表现得更明显。除了儿童以外，在所有年龄组的居民中也发现存在心理不适应症和边缘性神经心理失调。在日本大地震后，有学者对在事故中被派遣的 534 名消防员进行了调查。结果显示，被派遣的消防员在灾难工作后产生了创伤后症状和创伤后应激症状。研究表明，应激会影响人的认知功能，如持续注意能力下降、工作记忆能力遭到破坏、情绪调控能力下降等。

截至目前，我国暂未发生过国际核事故分级标准中 2 级及以上的事件或事故，但其他国家核事故的经验无一不在向我们传递核事故心理应急措施的重要性。我国也于 2016 年发布了《中国的核应急》白皮书，文中指出要大力开展核突发事件（事故）情况下大范围公众群体危机心理援助技术研究，构建相关心理干预模型。只有准确了解灾难中人们的身心状态，才能提供适当的心理援助。因此，正确的核应急心理危机评估具有重要意义。

3.1.3　核应急心理危机评估的基本方法

在进行核应急心理危机评估之前，应该首先明确评估的内容与目的，在核事件中心理危机评估的对象已明确，但需要进行区分。在评估前要了解评估对象的年龄、性别、受教育程度、婚姻状况等，针对不同的群体和个体，评估内容和方法应有所不同。另外，针对受到辐射者、核设施营运单位工作人员和普通公众的评估内容和方法也应不同。在心理危机评估中，目的不同所使用的测验工具也不同，例如测量创伤后应激障碍和急性应激障碍所使用的工具不同，而用来做其他症状筛查的工具也有所不同。

（1）心理-生理测评系统

心理-生理测评系统是针对核电厂营运单位工作人员的测评系统，一般包括心理健康测评和生理测评两个部分，通过被测者的心理健康测试数据及生理参数对核电厂营运单位工作人员的心理状态进行评估。目前常见的测评系统有俄罗斯核电厂心理-生理实验室的心理-生理调查（PPI）以及中国核电厂操纵人员心理健康和神经行为测评系统。

（2）测验法

测验法是指使用一套预先经过标准化的量表来测量某种心理品质的方法，是重大灾害中进行心理危机评估常用的方法。在之前的一些核事故中，如苏联切尔诺贝利核事故、日本福岛核事故和美国三哩岛核事故等，测验法是对核事故相关人员进行心理评估的常用方法。测验又可分为自评测验和他评测验，自评一般用于团体心理干预中，他评的使用对象一般为进行心理危机干预的个体或在进行团体心理治疗后需要进一步进行个体心理治疗的人群。使用测验法时须挑选信度和效度都达标的量表，同时注意测验的标准化。

（3）访谈法

诊断性访谈法是临床心理评估中常用的一种方法，在核应急心理危机评估中，访谈法是心理危机干预人员掌握核事故受灾者身心状况最简单、有效的方法，在核事故中主要用于评估当事人的心理功能状态。核事故发生后其影响的范围较广，一般来说，核事故影响的公众群体也较大，因此访谈法不适用于核事故中受影响的公众。

（4）行为观察法

行为观察也是心理评估的常用方法，主要用于观察当事人的行为表现，核事故会导致部分人的行为发生改变，行为观察法可观察这些异常行为，并对其进行记录和诊断。在核应急心理危机评估中，行为观察通常是自然观察，这种方法获得的信息可能会存在误差，因此要求观察者应熟练掌握观察技术。此方法虽然是一种重要的方法，但在核事故中也不适用于大范围评估。

3.2 核应急心理危机评估的对象

3.2.1 核设施营运单位人员心理危机评估

截至2017年，我国核电行业从业人员（不含核燃料循环和设备制造）

约 15 万人，其中专业技术人才 8 万多人，高技术人才（具有高级技术职称或技师职业资格）2 万多人，此人数还在持续增长。根据我国 2021 年 7 月 1 日施行的《民用核设施操作人员资格管理规定》，核设施操作人员应申请“操作员执照”或“高级操作员执照”。因此，尽管核设施营运单位的工作人员对于核事故的风险认知高于其他群体，但同时他们也是核事故中最易受害的一批人，因此他们承受的心理压力也会高于其他群体。

历史上第一次堆芯熔化的核事故中，有 3 名工作人员受到了 40 mSv 剂量（工作人员每年最高可以接受 50 mSv 的剂量）的照射，1 名工人的前臂皮肤受到了 500 mSv 的照射，1 名工人的手指因进行反应堆冷却剂取样操作而受到 1 500 mSv 的照射。所幸的是，在整个事故中，无人员受伤和死亡。而 1999 年日本东海村发生的核临界事故中遭到核辐射的工作人员就没那么幸运了。事故当天，在两名操作人员倒入硝酸铀时，沉淀槽中发生了核裂变反应。大量中子射线从沉淀槽中冲射而出，直击两名操作人员，最终他们因受到过量核辐射而死亡。1990 年，苏联生态最高委员会调查结果显示，马雅克基地运作 40 年中，约造成 10 000 名员工因放射性物质染病，4 000 名员工因急性放射病死亡。诸如此类的事件及核设施营运单位工作人员的伤亡数据无疑会给核从业人员带来巨大的心理压力。

在核事故中，核设施营运单位工作人员的灾害暴露程度是最高的。据了解，在突发事故中，灾害暴露程度越高的人产生的精神问题越严重，采取的应对方式越消极。而消极的应对常常加重创伤后应激症状。对疲劳驾驶的研究表明，驾驶员的不良情绪与驾驶中发生交通事故的频率之间具有相关性，这些不良情绪可能会对个体的神经行为功能产生不良的影响，间接影响其职业活动，使其易发生交通事故。而对于核设施营运单位人员来说，这些不良情绪导致操作失误而引起的事故后果不堪设想。因此，对核设施营运单位人员的心理危机评估显得尤为重要。

3.2.1.1 核设施营运单位工作人员的身心特点

（1）身体要求

核设施营运单位工作人员的工作性质较为特殊，工作时间也不固定，这就要求工作人员除了有一定的知识储备外，还要有良好的身体素质。我国《民用核设施操作人员资格管理规定》中指出，我国民用核设施操作人员的体能、感知、表达和情绪等各方面能够满足从事核设施操作工作需要，不存在可能影响履行职责的健康问题，包括但不限于神经系统、心血管系统、内分泌系统、听觉、视觉、精神疾病或者缺陷等。

（2）心理特征

核设施营运人员的工作要求较为特殊，工作环境较闭塞，与社会接触较少，工作风险较大，因此对核设施营运单位人员的心理要求也较高。心理健康方面的要求有：较高的责任感，紧急情况下保持情绪稳定，遇事不乱；时刻保持较高的警觉性，防止因麻痹大意造成人为失误；有较好的沟通及与他人团结合作的能力；工作中应杜绝个人的不良情绪，避免感情用事。

此前有研究对我国核电厂操纵人员的心理健康进行测评，一共测评了合群性、聪颖性、安定性、冒险性等 22 个因子。研究表明，不同性别、年龄、文化程度、工龄和婚姻状况的操纵人员的心理健康状况之间存在差异，且存在显著差异的因子不同。但总体来看，共有 34.69%的操纵人员心理健康处于优秀状态，46.32%的操纵人员心理健康处于良好状态，17.04%的操纵人员心理健康处于合格状态，仅有 1.95%的操纵人员心理健康状况欠佳，其心理状况欠佳比例远低于社会普通人群。

3.2.1.2　核设施营运单位工作人员的主要应激源

（1）灾难场景

核事故一般发生于核设施周围，对工作人员来说，这是他们日常接触最多的地方，核事故后却变成了最危险的地方，这会给他们带来巨大的心理压力。灾难场景越惨烈，他们的心理压力就越大。

（2）失去同伴

核设施操作人员在核事故中的伤亡率是最高的，对于其他工作人员来说，他们与在核事故中受害的工作人员关系较为亲密，这可能会引发抑郁反应或适应障碍。

（3）暂时停工

核事故发生后，为了避免更多的人受到核辐射的危害，会有一段时间的核原料洗消和灾后修复工作，相关的工作人员即便没有受到核辐射的伤害也无法立即返回原来的工作岗位，这会使核设施营运单位工作人员原有的生活节奏被打乱，从而使他们丧失生活秩序感。

（4）新环境的适应

核事故会导致相关工作人员的居住环境（如暂时留观）和工作环境发生改变（如更换工作单位、工作岗位等），从而带来适应问题。

3.2.1.3　核设施营运单位工作人员的心理危机表现

（1）创伤后应激障碍发生率更高

长期在电离辐射条件下工作的人，会接触到各种各样的应激源，对以往核事故后果的了解本就会对他们的心理和行为产生影响。核事故发生后，他们患创伤后应激障碍的概率也更大。福岛核事故发生后 3 个月，有学者对第一核电厂和第二核电厂的工作人员进行调查后发现，核电厂工作人员普遍存在心理困扰和创伤后应激障碍，发生率比以往的任何研究都高。

（2）消极情绪更多

核设施营运单位工作人员是与核设施接触最密切的人群，对核事故的风险认知更多。事故发生后，他们会感觉自己的生活和健康受到了威胁，不太相信公开的事故信息，意志比普通人更消沉。

（3）角色功能下降

目前，我国的核电厂操纵人员主要是来自各高校相关专业的优秀毕业生，他们中的大多数人毕业就进入了核电厂工作，核相关工作人员是他们的主导社会角色。核事故发生后，相关工作人员可能无法在原工作单位就职，这给他们带来的不仅是工作单位的变动，还可能是职业变动，使得他们的社会角色功能下降。例如，切尔诺贝利核事故后，一部分工作人员出现了频繁变动工作的现象。

3.2.2 公众心理危机评估

目前，我国已跻身核能大国的行列，核能作为清洁能源的代表之一在我国呈高速发展态势，但我国公众对核能的接受度却并不高。原因在于核能的曝光率远低于其他清洁能源，而公众了解到的关于核能的事件多数都是负面事件。核事故会带来灾难性后果已成为思维定式。尽管少量的核辐射基本不会对人体健康造成伤害，但是公众往往会产生自己是否遭受核辐射危害的担心，出现焦虑、紧张、恐惧等情绪，并形成恶性循环。

核科学技术一直是世界各国的科研重点，与国家的军事武器联系密切，长期以来有关于核的资料都严格保密，因此，目前通过改变核能的曝光率增加公众对于核能的认知不太可行。而在核辐射事件中，公众容易出现“集体无意识”现象，拒绝逻辑推理，倾向形象思维，加上外界刺激、暗示和相互传染的推动，更容易触发公众的心理应激反应。国内外核事故的经验告诉我们，核事故会对公众的身心健康带来巨大的负面影响，也会影响公众此后的工作和生活。

与经常接触核设施的营运单位工作人员和受辐射者不同，公众是处于核事件最边缘的群体，他们没有直接受到核辐射带来的身体伤害，事件发生之后被紧急疏散也使得他们与核事件直接的感官接触较少。因此，在核事故中公众出现的心理应激反应往往会被低估或忽视，无法得到有效的干预，这会直接损害公众的心理健康。所以，在灾难事件之后对公众的心理危机评估不能忽视。

3.2.2.1 核事故中公众的心理特点

（1）盲目恐慌

电离辐射看不见也摸不着，但其带来的灾难性后果难以预估，且放射性物质难以清除，这会使公众出现严重的排斥和恐慌心理。

（2）从众心理

公众对核知识的缺乏、事故中没有统一的指导意见及政府关于事故报道不透明，都会使得谣言四起。在恐慌的情绪中，公众的理性决策能力会下降，大多数人就会出现从众行为。福岛核事故时期发生的抢盐事件及新冠疫情期间盲目抢购双黄连口服液都是源于公众的从众心理。

3.2.2.2 核事故对公众生活的影响

灾难发生后出现心理应激反应大部分是正常的，一段时间后心理状态也能恢复，但有研究在日本大地震后1年和2年时对福岛核电站事故中被迫避难的家庭进行了调查。结果显示，在2012年（事故发生后1年）及2013年（事故发生后2年），避难的居民总体都处于稍高的应激水平，患有精神疾病的人应激反应水平明显较高。在事故后，当地公众除了担心核辐射带来的身体伤害以外，还要承受避难过程中的经济压力、舆论偏见及对工作的影响。2014年，也有学者对此事件避难群体中的高龄者（65~85岁）及育儿母亲进行了调查。结果显示，高龄群体中有42%的男性和43%的女性处于“高压力状态”，育儿母亲中有32.7%有抑郁倾向。另外，和与丈夫和父母等家人一起避难的女性相比，只与孩子一起避难的女性有抑郁倾向的风险高出2.41倍。除了对日本公众的影响外，该事故还引发了众多国家的“购碘高潮”，破坏了公众的正常生活和生产，且这种影响力会持续较长一段时间。

3.2.2.3 核事故中公众的应激反应

（1）慢性心理影响

核事故或许不会直接对公众的身体造成实质性的伤害，但对公众产生的心理影响却无法估计。在著名的切尔诺贝利核事故发生后，大部分人员出现应激焦虑、精神紊乱、抑郁、神经衰弱及自主神经系统功能紊乱；美国三哩岛核电站危机给周围居民带来长期的心理影响，与紧张相关的高血压、心血管系统变化等各种症状在事故当年的三哩岛附近居民流行病调查中有显著表现，甚至在事故发生5年后，都有许多亚临床慢性紧张综合征的报道，其中暴力倾向的症状最为明显。

（2）替代性创伤

在心理咨询工作以外，替代性创伤也逐渐被人们所认知，特别是在一些灾难性事件中，救援人员和公众也可能存在替代性创伤。救援人员创伤是由其对灾难事件信息和受害者心理体验的理解引发的心理应激；而随着新闻媒介的发展，公众能够快速了解灾难事件的信息，灾难现场及受害者的视频和图片传播也会给他们带来较大的心理冲击。

3.2.2.4　公众的预期压力对应激的影响

在突发事件中，公众会依赖个人的主观直觉对即将发生的事故进行风险评估。对于事件的风险评估不同，在事件之前的预期压力就会不同，在事故中遭受的心理损伤程度也不同。在巴西戈亚尼亚核事故发生后，有学者对受辐射的群众进行调查发现，潜在暴露于电离辐射相关的预期压力会导致一种与实际暴露于电离辐射类似的压力水平。一些研究表明，在突发公共卫生事件中身处不同地区的民众的心理状态不同。相比远距离地区，距离核电站、核反应堆和核设施等不同邻避设施越近的地区的居民忧虑程度越低，风险认知越高，安全评价也越高。由于新闻媒体的传播，核事故带来的灾害会被放大，距离事故发生地较近的居民拥有的高认知风险可以自动矫正其他媒介传播的“放大信息”。因此，与灾难事件的发生地距离越近，民众的焦虑情绪水平反而越低，心理越平静。

人的心理与生理是相互适应的，灾难后公众的心理应激得不到有效干预就会导致心理紊乱，心理紊乱必然会引起心理的不适，长期紊乱就会引发身体的器质性变化。心理紊乱最直接的体验是精神紧张、压抑、心理矛盾和创伤，而这些体验都是心身疾病的致病因素。

3.2.3 受辐射者心理危机评估

受辐射者是指遭受的核辐射超过照射剂量限值的人。我国国家标准GB 18871—2002规定，对于职业照射剂量限值，连续5年的年平均有效剂量不超过20 mSv，且任何一年的有效剂量不超过50 mSv；眼晶体的年当量剂量不超过150 mSv，四肢或皮肤的年当量剂量不超过500 mSv。对于公众照射剂量限值，年有效剂量不超过1 mSv，眼晶体的年当量剂量不超过15 mSv，皮肤的年当量剂量不超过50 mSv。

与他人不同，受辐射者是核事故中的直接受害者，包括受辐射的核电厂工作人员、公众及救援人员。在公共卫生事件中，直接受害者受到的身体伤害远高于其他人群，经历核事故后也更易于出现明显的心理应激反应，如闯入、闪回、极度回避、激惹性增高等症状。应激反应大多表现为灾难画面突然浮现，创伤过程就像放电影一样在大脑中再现，容易发脾气，易失眠、头痛等，甚至在灾难发生一段时间后经历的心理健康问题也比其他人群严重。比如，在天津大港油田钻井平台放射源暴露事件中，当事人及家属存在普遍的恐慌心理，受辐射者出现不同程度的心理反应，如胃肠不适、恶心、呕吐等。同时，受辐射者受到的社会心理影响也较大。有研究者对巴西戈亚尼亚核事故造成的心理影响进行了研究，该研究发现从住院治疗开始，受害者可能会出现行为障碍，因此会需要包括家庭在内的心理陪伴。而在医院工作的医生、护士和放射防护技术人员在治疗受害者期间，也必须得到心理支持。对其他公共卫生事件幸存者的心理应激研究结果也显示，灾难发生后，幸存者出现急性应激障碍，认知、行为、注意力改变和情绪障碍等心理症状的比例高于其他人群。

对受辐射者进行心理危机评估和干预的重要性还在于，长时间处于精神紧张、心情忧虑的状态，可促发机体的病理变化，如脑电图异常、血压升高等，对正在发育的儿童影响会更大。对苏联切尔诺贝利核事故 101 名存活者的远期效应研究发现，60%的人记忆力下降，58%的人情绪不良。塞里在 1936 年观察到在应激反应过程中，免疫系统与神经内分泌系统的双向调节既是适应环境的机制，又参与疾病的发生，免疫功能的失常使处于应激状态的机体对多种疾病的易感性增加。因此，严重的应激可能会影响受辐射者的病情恢复过程。

3.2.3.1　受辐射者的生理变化

核辐射产生的放射性物质可通过呼吸、皮肤伤口和消化道吸收进入体内，引起内辐射，γ 射线可穿过一定距离被机体吸收，使人员受到外照射伤害。内外照射形成放射病的症状有疲劳、头晕、失眠、皮肤发红、溃疡、出血、脱发、白血病、呕吐、腹泻等。有时还会增加癌症、畸变、遗传性病变发生率，影响几代人的健康。一般来讲，身体接受的辐射能量越多，其放射病症状越严重，致癌、致畸风险越大。切尔诺贝利核事故发生后，乌克兰的研究发现，较多受辐射儿童处于智力正常的边缘水平，精神发育迟滞和情绪问题的发生率也明显较高，而且受辐射剂量越多，脑电图发现异常的概率越大。也有研究表明，在胎儿期受到辐射影响的少年，语言水平和智商明显低于未受到辐射影响的少年，这提示人如果在胚胎发育敏感期受到辐射影响，其认知功能可能受到影响。

3.2.3.2　受辐射者的心理特点

核事件发生后，受辐射者的心态稳定性和心理健康均会受到影响，对核辐射后果的了解程度、对当前情境的风险认知及之前核事故中关于受辐射者的伤亡报道，都会使受辐射者陷入持续的恐惧、焦虑和无助的情绪中。即便事件结束，这种情绪也不会立即消失，在受到其他刺激的情况下，还可能恶化形成慢性心理压力。

3.2.3.3 受辐射者的特殊应激源

由于受辐射者生理、心理所处社会环境的特殊性，他们的应激源与其他群体有所不同，主要表现在以下几个方面。

（1）灾难场景

在核事故中，受辐射者，无论是核电站工作人员、救援人员还是普通公众，和灾难的感官直接接触是最多的，核事故带来的人员伤亡以及对核辐射的未知恐惧都会给受辐射者带来冲击。尤其是在核事件初期受辐射的核电站工作人员和公众，由于缺乏救援会产生无助感。而对于受辐射的救援人员来说，部分情况下无法开展救援的无力感、内疚感以及自身遭受核辐射产生的恐惧感都会成为心理应激因素。

（2）角色冲突

这类特殊应激源是针对受辐射的救援人员而言的，在核事故中，救援人员被要求立即开展救援，这种责任和义务使得救援人员放弃自己的其他角色。但受辐射的救援人员本身就是受灾者，这种角色冲突会给受辐射的救援人员带来明显的心理压力。

（3）与亲人分离

一般来说，受到轻微核辐射的人不会影响到其他人，但如果受到的辐射量很大，人体成为“辐射源”就会对他人造成辐射影响。因此，为了保证成为“辐射源”的人不再受到更多的辐射伤害及不伤害周围的人，他们会被安排进行隔离治疗。隔离封闭的环境更易使其产生严重的心理应激，加重负面情绪，当强烈的心理应激超出其承受的阈值时，被隔离者就会出现精神疾病症状。

（4）新闻媒介的不良影响

核事故不只是事故地区群众的灾难，它必然会受到社会各界的广泛关注，也会引来新闻媒体的争相报道。有研究显示，受害者接触的灾难相关媒体信息量与其应激反应之间存在相关性，也就意味着接触的灾难相关的媒体信息越多，应激反应就越严重。

（5）对灾难再次发生的恐惧

出于对当前形势未知及对灾难认知不足或不正确、对核科学缺乏正确认识等原因，受辐射者可能无法对自身的状态和当前的情形进行客观评估，会出现对灾难再次发生的恐慌心理，并由此引起长期的安全感缺失、恐慌和焦虑心理。

（6）适应新环境

核事故可能会使受辐射者的居住环境、人际交往和工作环境发生改变，这种改变会带来适应问题，如迁移、失业、歧视等，这些问题也会对受辐射者的心理造成影响。

3.2.3.4　受辐射者的应激反应

（1）行为改变

辐射是一种特殊的物质，受辐射者无法看见辐射的存在，因此无法准确表达自己受照后的身心变化。长此以往，心理会发展得愈加内向和闭锁，导致负性情绪得不到表达，就会通过行为表现出来。因此，受辐射者的行为往往会发生改变，如儿童学习态度不积极、注意力不集中，成人工作频繁变动、孤僻和酗酒等。

（2）退行

退行是弗洛伊德提出来的心理防御机制，是指人们在面临应激状态时，放弃比较成熟的适应技巧或方式，而退回到使用早期生活阶段的某种行为方式，以回避冲突、减轻心理痛苦的一种应激反应。儿童受辐射者出现这一反应往往会更明显。

（3）情绪明显变化

受辐射者在经历核事故后会发生明显的情绪变化，特别是事故发生后的几个月，可能会出现严重的情绪障碍。对受辐射的救援人员来说，在事故发生地和反应堆顶部工作的时长，是患病的危险因素。

3.3 核应急心理危机评估的内容和方式

核辐射突发事件发生的概率虽低，但一旦发生，造成的后果就非常严重，其涉及的范围广，受损的人数多，极易造成较严重的公众心理影响及社会后果。因此，必须对公众进行相关的科普宣传和教育，使大众对辐射危害和辐射防护措施有科学正确的认识，解除精神紧张和恐惧心理，消除不必要的疑虑，减轻事故造成的社会心理影响和不良后果。

突发核危机事件时，个体所处的紧急状态会使其表现出情绪、认知、行为活动等一系列改变，这些改变可能会导致一些人出现不同程度的躯体症状，也可加重或诱发疾病，严重时产生意志失控、情感紊乱等心理危机。

核辐射事故不仅可能对公众产生辐射危害，还可能产生较大的心理影响，尤其是心理应激。心理应激反应是人的身体对各种紧张刺激产生的适应性反应。心理应激是一种正常的生活经历，并非疾病或病理过程。处理心理应激的方法不同，结果也不同。对于大部分创伤后出现应激障碍的人来说，应激反应不会带来生活上永久或极端的影响。只有少数人的创伤状态会渗透进其认知和行为模式，不仅对患者的心理和生理产生严重的影响，导致其广泛的精神痛苦，而且影响工作与人际交往。这种影响可持续数年甚至延续终生，致使生活质量下降。

3.3.1 心理危机评估内容

由核应急引起的应激反应因素很多，既有主观的因素，又有客观的因素；既有物理的因素，也有生理、心理的因素；还有社会文化等诸多综合因素。然而，个体面对危机时会产生一系列的应激反应，其主要表现在认知、情绪、意志行为和生理等方面。

认知方面的表现为注意力不集中、缺乏自信、无法做决定，健忘、效能降低、不能把思想从危机事件上转移等。情绪方面的表现为害怕、焦虑、恐惧、怀疑、不信任、沮丧、忧郁、悲伤、易怒，绝望、无助、麻木、否认、孤独、紧张、不安、愤怒、烦躁、自责、过分敏感或警觉、无法放松、持续担忧，担心家人健康，害怕患病，害怕死去等。意志行为方面的表现为反复洗手、反复消毒、社交退缩、逃避与疏离、不敢出门、害怕见人、暴饮暴食、容易自责或怪罪他人、不轻易信任他人等。生理方面主要表现为肠胃不适、腹泻、食欲下降、头痛、疲劳、失眠、做噩梦、容易受惊吓、感觉呼吸困难或窒息、有濒死感、肌肉紧张等症状。

3.3.1.1 认知状态

史上发生过三起影响严重的核事故：1979 年 3 月 28 日的美国三哩岛

核事故、1986 年 4 月 26 日的苏联切尔诺贝利核事故以及 2011 年 3 月 12 日的日本福岛核事故。其中，切尔诺贝利与福岛核事故达到核事故的最高级 7 级。

不同级别的核事故对人们的各方面认知状态都产生了深刻影响。切尔诺贝利核电站发生的大爆炸，摧毁了整个反应堆，致整个 4 号机组瞬间化为废墟。当时启用了消防、军队以及社会各界力量，直至当年 11 月份建成“石棺”，罩住整个 4 号机组残骸，才把事故控制住。此次事故作为核工业史上第一次也是最严重的灾害，很大程度上冲击了社会公众的心理，严重影响了正常社会生活，造成社会秩序的紊乱，并导致严重的政治影响和经济损失。而福岛核事故的发生，更是加剧了公众未愈的恐惧心理。

一方面，政府的权威信息传播不及时、明确、充足，造成民众对政府的深度失望，以及对经济社会发展和国家前途的消极认知。这一认知冲击了日本国民的社会心理和信心，催生出失望、无奈的集体心态剧变，日本社会冷静的状态下隐藏了失望情绪的强烈暗流。这种深度失望主要表现为对日常工作生活的焦虑紧张，无目的感、无意义感，对国家经济前景的悲观预测，对自身和家庭收入的不确定，以及对日常开支尤其是奢侈品购买的压缩。

另一方面，民众对重灾区的人们猜疑重重，甚至出现歧视倾向，加重了受灾民众的心理负担。其中，灾区家庭的日常生活也一改以往的平静，家庭成员对于购买的食物总是要询问出处和是否进行过核辐射的检测，并且对有明确标识的无核辐射污染的食品也是心有余悸。

个体对核事件的认知评价是决定应激反应的主要中介和直接动因。在创伤性事件发生后，受害者是否会出现创伤后应激障碍以及慢性创伤后应激障碍与个体的认知模式有关。恐惧、焦虑和抑郁情绪反应可以严重地损害人的认知功能，甚至造成认知功能障碍，从而使人陷于难以自拔的困境，失去了人生价值或目标，丧失了活动的能力和兴趣，甚至自恨、自责、自杀。这些都是应激条件下认知功能受到损害的结果。因此，应提高个体对应激反应的认知水平，纠正其不合理思维，以提高应对生理、心理的应激能力。

3.3.1.2　情感状态

已有大量研究表明，经历灾难后的个体可能会出现诸如抑郁、焦虑、创伤后应激障碍等消极心理反应。史上重大核事故本身所带来的灾难性危害对公众的核恐慌和消极心理有着很大影响，尤其是切尔诺贝利和福岛核事故。

切尔诺贝利核事故发生时，许多人出现了精神紊乱和辐射恐慌，他们害怕辐射危及自身和后代。即使已过去几十年，公众的恐惧仍没有减弱，甚至影响到更广泛地区的公众。在日本福岛核泄漏事故中，民众的情感主要表现为普遍焦虑、灾难心理浓重、“末日情结”滋长和蔓延。

在核危机面前，对核辐射的恐惧使普通民众再也难以保持冷静，社会恐慌的态势比较明显。依据 2015 年日本的大数据调查，发现在这样的巨大灾难面前，尽管日本民众隐忍、守纪，但悲观情绪和焦虑心理依然渗入日本国民冷静的外表之下，“末日情结”和紧绷心态不可避免地干扰日常生活，使人时刻处于紧张状态之中，难以释怀。据报道，地震灾区有 30%的人都患有地震的后遗症——“地震醉”，即使在没有发生地震的情况下，人们也会感到左右摇晃。并且据福岛县立医科大学的调查，核事故后的 3 个月，接受治疗的抑郁症患者中有 30%的人员与核电站事故直接相关。

但是随着对创伤后幸存者心理反应研究的不断深入，研究者逐渐发现，创伤后的人群不仅仅存在消极的心理反应，也可能出现积极的心理变化。特德斯基（Tedeschi）和卡霍恩（Calhoun）（1995）将这种变化称为创伤后成长（posttraumatic growth，PTG）。它是指个体同主要的生活危机进行抗争后所体验到的一种积极心理变化，主要包括自我觉知的改变、人际体验的改变和生命价值观的改变等三个方面的内容。实际上，个体在面对压力情境时，不仅会有认知反应，而且还会出现情绪反应。不过，个体的情绪反应可能有助于提升其自身的机能，也可能对个体的身心发展造成危害。

有研究者发现在负性事件后，个体往往倾向于采用表达抑制策略来降低对负性情绪的直接感知，从而缓解消极情绪给个体带来的影响，促进心理的积极变化。社会支持是其中重要的调节变量，社会关系构建了情绪调节的外部资源，它可能弱化或增强情绪调节对心理反应的影响路径。在感知到更多的社会支持的条件下，倾向于采用表达抑制策略的人们能够获得安全感、归属感，也能获得他人的理解、尊重和帮助，这有利于增加他们应对创伤的资源，使其借助他人的力量来处理创伤及其带来的消极结果，从而有助于其实现创伤后成长，缓解消极心理问题，以及实现积极心理变化。同时研究也发现，在感知到较少的社会支持时，倾向于采用表达抑制策略的青少年可能更容易产生创伤后应激障碍。这可能会进一步加强其对自己情绪的压抑，加剧内心与外在情绪状态的冲突，使个体处于更消极的情绪状态。因此，在核应激心理干预中应提供必要的社会支持，尽早帮助事故受害人群消除恐慌、焦虑等消极心理反应。

3.3.1.3 意志行为

行为是受意识控制的，当认知发生改变时，人们的行为也会发生相应的改变。一方面，在核事故等灾难性事件发生后，人们对政府的信任感下降，地域力、社会力回升，体现在行为上是对附近居民的信任、该地区的热爱和自豪感的增加，以及灾害后互相帮助、向邻居打招呼、参加活动、参加避难人员交流委员会等积极行为的增多。另一方面，灾难发生后人们心理的自主性下降，更容易相信各种小道消息和流言，并以此左右自己的行为。谣言传播的特点是版本小、变化快、传播过程充分本地化、谣言设计拟人化以及充分利用短信、互联网等现代传播手段。盲从是一种思维与意志的游离状态，是一种比较严重的社会群体心理应激。

核事故发生后不久，社会相对平稳、秩序井然，但是随着核泄漏事态发展和社会舆论影响，恐慌情绪开始蔓延，甚至在多个地区出现哄抢碘盐的现象，表现出典型的心理“台风眼效应”，即灾区中心的人像身处“台风眼”一样心理更平静和平稳，受灾地区之外的人反而高度紧张、反应过激、易于从众。但这种平静背后是对现实的无奈和恐惧，受灾民众心里一直有挥之不去的阴影，许多人都购买了辐射仪随时对身边的照射剂量进行检测，并且出现必须在检测确认安全后才放心给家人特别是孩子进食等一些强迫行为。同时在核事故过后，人们可能会努力逃避与创伤有关的思想、感觉或谈话，逃避会勾起创伤回忆有关的活动、地方或人们，但是有些人可能有自残和自杀行为。据 2011 年 3 月底日本官方公布的统计数据得知，福岛核事故后病逝或自杀的人数为 1 618 人，其中福岛县 764 人，宫城县 636 人，岩手县 179 人。从日本全国范围来看，自杀人数比上一年同期增加 21.2%。

相比于西方国家，在灾害事件发生后，亚洲灾害后幸存者往往倾向于用躯体化的方式来表达他们的应激反应。大多数人不认为他们的身体症状和创伤性事件有关。在他们看来，向陌生人表露自己的个人情感会让他们感到不舒服，承认自己有精神健康问题会给他们带来羞耻感，因此他们很少向精神科医生寻求帮助，也不知道如何利用精神科服务。所以，应注意心理帮助方式要有文化可适应性，选用易被广大受灾民众接受的文化形式开展心理卫生服务，在本民族文化中积极寻找有助于促进心理康复的资源，以进行积极的心理学引导。

3.3.1.4 生理方面

人们遭受的沉重打击，会造成严重的心理创伤，从而对其生理产生许多负面影响。情绪的不良反应会影响其肠胃功能和神经系统等，出现肠胃不适、食欲下降，甚至绝食等现象。在神经系统方面，由于过度悲伤、疲劳、紧张，许多人会出现头痛、失眠、频繁做噩梦，灾难事件反复痛苦地在梦中重现，严重影响其精神状态。这一系列的生理应激反应容易导致免疫功能下降，增加机体易感性，引起内分泌的紊乱，间接增加患某些疾病的可能性。

3.3.2 心理危机评估方式

心理危机的评估是危机干预的第一步，主要是运用多种方法获取信息，对危机做全面、系统和深入的客观描述。在评估心理危机时，可以采用多种形式的方法和工具，如心理-生理测评系统、心理测验法以及访谈法等。

对于核设施营运单位人员的心理危机评估，主要采用的是心理与生理相结合的测评系统，这有助于收集心理和行为方面的数据，多方面评估操纵人员的心理危机水平和心理健康水平。但这种评估流程比较复杂，实施起来不够方便。心理测验法只能收集到被调查者的心理方面的结果，但简便易行、结果比较客观，并且有常模对比，结果比较可靠。除此之外还可以使用访谈法，在访谈的过程中，对目标人群的心理危机水平进行主观和客观的评估。

针对不同的目标群体，可以选择不同的评估方式和工具。本部分将对心理危机评估的方式以及所使用的评估工具进行详细的介绍。

3. 3. 2. 1　心理-生理测评系统

由于核设施营运单位人员需要在熟练掌握各项业务操作的前提下，时刻保持自身状态的稳定性，尤其是在面对危机时要能冷静思考、科学判断、正确指令，所以进一步做好操纵人员心理健康工作对其保持自身状态的稳定及应对危机问题方面具有重大意义。除了在危机事件发生后进行评估和治疗外，在日常工作的过程中，也需要定期进行工作胜任力的评估，以保证工作环境的安全性。

（1）心理-生理调查（PPI）

心理-生理调查（PPI）是俄罗斯核电厂心理-生理实验室的主要工作之一，主要是对各个岗位的员工的职业相关特质进行测评。

测评一共有三个类别。第一类为定期测评，即每年一次的 PPI，主要为在岗人员的职业相关特质进行测评。第二类是首次测评，即在人员招聘时为人员选拔提供建议。第三类是非计划性测评，即非常规的测评，例如休假较长时间的员工回到工作岗位之前需要进行 PPI 测评，以确保其职业相关心理指标在胜任范围内。核事件发生以后，相关员工的测评也属于非计划性测评范畴。

PPI 采用多种测评技术，基于计算机软件测量个体的个性特征、认知能力、情感和价值观、社会与管理等方面，大概需要 4~6 小时，还会根据测评结果有针对性地与每一位参与测评的员工进行访谈或对其重新测评。

测评结果分为三类：类型一为适合从事该岗位工作；类型二为可以从事该岗位工作，但是存在弱项，需要格外关注并通过培训弥补弱项；类型三为不适合从事该岗位工作。

（2）中国核电厂操纵人员心理健康和神经行为测评系统

中国核电厂操纵人员心理健康和神经行为测评系统主要包括心理健康测试量表和神经行为功能测试两个部分。心理健康测试量表共有 280 道单选题，包含 22 个维度，分别为 14 项主要人格因子、3 项附加因子、3 项次元人格因子及 2 项特级人格因子，心理健康测试量表项目举例见表 3-1。其中，14 项主要人格因子为合群性因子、聪颖性因子、安定性因子、固执性因子、活跃性因子、恒定性因子、冒险性因子、敏感性因子、虚幻性因子、圆融性因子、焦虑性因子、激进性因子、独立性因子、紧张性因子；3 项附加因子为猜疑性因子、男子女子气因子、掩饰性因子；3 项次元人格因子为外向性因子、感情性因子、果断性因子；2 项特级人格因子为心理健康人格因子、创造力人格因子。

神经行为功能测试包括生理指标和心理指标。生理指标来自医学神经病学，包括高级功能、脑神经、运动系统、共济运动、感觉系统、生理反射、病理反射、脑膜刺激征、自主神经及其他共 10 个部分，均由专业医师检查完成。心理指标包含观察能力测试、记忆能力测试、注意广度测试及反应时与应激能力测试共 4 个部分，其中反应时与应激能力测试应用专门设计的软件系统进行测试。

表 3-1　中国核电厂操纵人员心理健康测试量表（项目举例）

题目	选项
1. 本测验的指导语我已看明白了	0. 是的；1. 不一定；2. 不是的
2. 对本测验的每一个问题，我都诚实地回答	0. 是的；1. 不一定；2. 不是的
3. 我有能力应对各种困难	0. 是的；1. 不一定；2. 不是的
4. 我不擅长讲笑话或做有趣的事	0. 是的；1. 介于 0 ~ 2 之间；2. 不是的
5. 半夜醒来，我常常因某种不安而不能再入睡	0. 常常如此；1. 有时如此；2. 极少如此
6. 有时我会怀疑别人对我的言行是否真有兴趣	0. 是的；1. 介于 0 ~ 2 之间；2. 不是的
7. 即使是关在铁笼里的猛兽，我见了也会感到非常不安	0. 是的；1. 不一定；2. 不是的
8. 多数人认为我是一个说话很风趣的人	0. 是的；1. 不一定；2. 不是的
9. 事情进行得不顺利时，我常常急得出汗或流泪	0. 从不如此；1. 有时如此；2. 常常如此
10. 我的神经脆弱，稍有点刺激就会让我发抖	0. 常常如此；1. 有时如此；2. 从不如此

3.3.2.2　心理测验法

心理测验法主要是通过一套预先经过标准化的问题测量某种心理品质。心理测验是一种间接测量，无法直接反映施测对象的心理过程，只能反映结果。但测验工具（量表）编制严谨，可靠性高；施测简便易行；量化程度高，便于统计分析。

对于核设施营运单位人员，可以使用简易应对方式问卷（SCSQ）、焦虑自评量表（SAS）、抑郁自评量表（SDS）、生活质量综合评定问卷（GQOLI-74）、心理健康自评问卷（SRQ-20）、症状自评量表（SCL-90）等问卷进行心理危机评估，以考察核设施营运单位人员的心理健康状况。

事件冲击量表（IES）及其修改版（IES-R）和创伤后应激障碍量表（PCL-C）主要针对经历创伤性事件的个体，如核事故中的公众和受辐射者，也可以使用下述其他问卷，从多方面对个体的心理危机水平进行评估。

（1）简易应对方式问卷

简易应对方式问卷（Simplified Coping Style Questionnaire，SCSQ）由20个条目组成，涉及人们在日常生活中应对压力和困难时可能采取的不同态度和措施，如尽量看到事物好的一面、寻求社会支持和通过吸烟和喝酒来解除烦恼等。自评量表采用多级评分，在每一个应对方式项目后，列有不采用、偶尔采用、有时采用和经常采用4种选择（相应的评分为0、1、2、3），由受试者根据自己的情况选择一种回答。简易应对方式问卷项目举例见表3-2。

表3-2 简易应对方式问卷（SCSQ）（项目举例）

题目	不采用	偶尔采用	有时采用	经常采用
1. 通过工作学习或一些其他活动解脱	0	1	2	3
2. 改变自己的想法，重新发现生活中什么重要	0	1	2	3
3. 尽量看到事物好的一面	0	1	2	3
4. 与人交谈，倾诉内心烦恼	0	1	2	3
5. 不把问题看得太严重	0	1	2	3

原量表分为积极应对和消极应对两个维度，积极应对维度由条目1—12组成，消极应对维度由条目13—20组成，将条目分相加可得各维度分。简易应对方式问卷就是将多种应对方式根据其共同特征归类发展而成的问卷，因其简捷、容易理解和分析，由此可为被评估者提供指导。

(2) 焦虑自评量表

焦虑自评量表（Self-Rating Anxiety Scale，SAS）是一种分析病人主观症状的十分简便的临床工具。该量表由美国杜克大学庄威廉教授（William K. Zung）于1971年编制，用于评定病人焦虑的主观感受及其在治疗中的变化。SAS为自评量表，所适用的对象是有焦虑症状的成人，由受测者自己填写，评定的时间范围为最近1周。

SAS共有20个项目，分为4级评分，主要评定项目为所定义的症状出现的频率。1表示没有或很少有；2表示小部分时间有；3表示相当多的时间有；4表示绝大部分或全部时间有。其主要统计指标为总分，但要经过一次转换，换算方式为：把20个项目的各项得分相加得到总粗分，总粗分乘以1.25，取其积的整数部分即为标准总分。总粗分的正常上限为40分，标准分为50分，超过上限说明存在焦虑问题。需要注意的是，其中有5项是反向题，需反向记分，分别是第5、9、13、17、19题。按照中国常模结果，SAS标准差的分界值为50分，其中50—59分为轻度焦虑，60—69分为中度焦虑，69分以上为重度焦虑。SAS项目举例见表3-3。

表3-3 焦虑自评量表（SAS）（项目举例）

题目	无	有时	经常	持续
1. 我觉得比平时容易紧张和着急	1	2	3	4
2. 我无缘无故地感到害怕	1	2	3	4
3. 我容易心里烦乱或觉得惊恐	1	2	3	4
4. 我觉得我可能将要发疯	1	2	3	4
5. 我觉得一切都很好，也不会发生什么不幸	1	2	3	4

(3) 抑郁自评量表

抑郁自评量表（Self-Rating Depression Scale，SDS）是含有20个项目、分为4级评分的自评量表，原型是庄威廉教授编制的抑郁量表（1965）。其特点是使用简便，并能相当直观地反映抑郁患者的主观感受及其在治疗中的变化。该量表主要适用于具有抑郁症状的成人，包括门诊及住院患者。但对有严重迟缓症状的抑郁评定有困难。同时，SDS对于文化程度较低或智力水平稍差的人使用效果不佳。SDS为自评量表，所适用的对象是有抑郁症状的成人，由受测者自己填写，评定的时间范围为最近1周。

SDS由20个项目组成，反映抑郁的4组特异性症状：精神性-情感症状，包括抑郁心境和哭泣；躯体性障碍，包括情绪的日间差异、睡眠障碍、食欲减退、体重减轻、便秘、心动过速、易疲劳等；精神运动性障碍，包括精神运动性迟滞和激越；抑郁的心理障碍，包括思维混乱、无望感、易激惹、犹豫不决、自我贬值、空虚感、反复思考自杀和不满足等。

每一个条目相当于一个有关症状，按出现程度评定，分4个等级：1表示没有或很少有；2表示小部分时间有；3表示相当多的时间有；4表示绝大部分或全部时间有。其中有10题是正向记分，另外10题是反向记分，分别是第2、5、6、11、12、14、16、17、18、20题。

SDS的主要统计指标是总分，但要经过一次转换，并非单纯相加。换算方式为：将20个项目的各个得分相加，即得粗分。标准分等于粗分乘以1.25后的整数部分。按照中国常模结果，SDS标准分的分界值为53分，其中53—62分为轻度抑郁，63—72分为中度抑郁，73分以上为重度抑郁。还可以通过抑郁严重度指数进行统计，将各条目累计分除以80，0.5以下为无抑郁，0.5—0.59为轻微至轻度抑郁，0.6—0.69为中至重度抑郁，0.7以上为重度抑郁。SDS项目举例见表3-4。

表3-4　抑郁自评量表（SDS）（项目举例）

题目	无	有时	经常	持续
1. 我觉得闷闷不乐，情绪低沉	1	2	3	4
2. 我觉得一天中早晨最好	1	2	3	4
3. 一阵阵哭出来或觉得想哭	1	2	3	4
4. 我晚上睡眠不好	1	2	3	4
5. 我吃得跟平常一样多	1	2	3	4

（4）生活质量综合评定问卷

生活质量综合评定问卷（Generic Quality of Life Inventory 74，GQOLI-74）由李凌江、杨德森于1998年完成编制，是关于生活质量的综合性问卷。该问卷主要作为社区普通人群生活质量的评估工具，也可作为特定人群（如老年人、慢性病患者等）生活质量的综合评定问卷。该量表为多维评定量表，包括躯体功能、心理功能、社会功能、物质生活状态4个维度20个因子，共74个条目。每个维度在不同人群中存在共性。各维度之间既有相关性又有独立性，可根据研究目的与对象选择不同维度单独或综合使用。

统计分析指标包括总分、维度分、因子分，均以正向计分的结果参与分析，即评分越高，生活质量越好。每一维度、每一因子均包括客观指标和主观指标两类条目。维度与因子分中两类条目的计分比例各占一半。客观指标是受试者对自身客观状态的评价，主观指标是对相应客观状态的满意程度，最高分均为5分，每个条目评分为10分。因子分由条目相加而来，每个因子的粗分最高为20分，最低为4分。因子分累加为维度粗分，再运用转换公式使每个因子和维度分转化为0—100分的标准分。问卷为自评式，如遇特殊情况（如因重病或文化程度等原因无法自评），则由测试者逐条询问并记录。应用研究表明，本问卷有良好的信度、效度与敏感性。GQOLI-74 项目举例见表 3-5。

表 3-5　生活质量综合评定问卷（GQOLI-74）（项目举例）

题目	选项
11. 近 1 周来您的睡眠状态如何？(选一项)	从无失眠（　）偶有失眠（　）有时失眠（　）经常失眠（　）每晚失眠（　）
12. 近 1 周清晨醒来，您感到头脑清晰，心情轻松，睡得好吗？(选一项)	天天如此（　）多数时候如此（　）有时如此（　）很少如此（　）从无（　）
13. 近 1 周来您的精力如何？(选一项)	总是精力充沛（　）多数时候精力充沛（　）精力一般（　）常有疲劳感（　）总是非常疲劳（　）
14. 您对近 1 周来的睡眠状况（选一项）	非常满意（　）比较满意（　）过得去（　）不大满意（　）很不满意（　）
15. 您对近 1 周来的精力状况（选一项）	很不满意（　）不大满意（　）过得去（　）比较满意（　）非常满意（　）

（5）心理健康自评问卷

心理健康自评问卷（Self-Reporting Questionnaire 20，SRQ-20）是 2008 年 5 月 19 日我国卫生部发布的《紧急心理危机干预指导原则》中附带的一个精神健康筛查工具。该工具是世界卫生组织发布的精神失调简易快速筛查工具，而且是针对发展中国家设计的。SRQ-20 既可以在临床上辅助诊断，也可以作为社区群体的精神健康评估工具。因此，该问卷既适用于创伤后个别心理援助，也适用于创伤后人群精神健康总体情况的探查。

SRQ-20 共 20 个条目。每个条目采用两点计分，“是”计 1 分，“否”

计 0 分，得分越高表示精神失调症状越突出。SRQ-20 的临床参考指标为 7 或 8 分，高于标准则应引起关注。世界卫生组织在其发布的 SRQ 指导手册中，全面分析了 SRQ-20 的效度。分析表明，该量表具有良好的预测能力。SRQ-20 项目举例见表 3-6。

表 3-6　心理健康自评问卷（SRQ-20）（项目举例）

题目	“是”	“否”
1. 您是否经常头痛?	(　　)	(　　)
2. 您是否食欲差?	(　　)	(　　)
3. 您是否睡眠差?	(　　)	(　　)
4. 您是否容易受惊吓?	(　　)	(　　)
5. 您是否手抖?	(　　)	(　　)

（6）症状自评量表

症状自评量表（Self-Rating Symptom Scale 90，SCL-90）是目前国内外最常用的心理健康测量工具，适用于 16 岁以上个体。量表共 90 个项目，10 个维度，分别为：① 躯体化；② 强迫症状；③ 人际关系敏感；④ 抑郁；⑤ 焦虑；⑥ 敌对；⑦ 恐怖；⑧ 偏执；⑨ 精神病性；⑩ 饮食与睡眠。与其他心理健康量表相比，该量表题目较少，测量内容较为广泛，能够较为全面地反映心理健康水平。

SCL-90 每一个项目采用五点计分，分别为 1—5 分，分数越高表示症状越明显。根据全国常模结果，总分超过 160 分，或阳性项目数超过 43 项，或任意因子分超过 2 分，可考虑筛选阳性。每一个因子反映出患者的某方面症状痛苦情况，通过因子分可了解症状分布特点。

因子分 = 组成某一因子的各项目总分/组成某一因子的项目数。SCL-

90 项目举例见表 3-7。

表 3-7 症状自评量表（SCL-90）（项目举例）

题目	从无	轻度	中度	相当重	严重
1. 头痛	1	2	3	4	5
2. 神经过敏，心中不踏实	1	2	3	4	5
3. 头脑中有不必要的想法或字句盘旋	1	2	3	4	5
4. 头昏或昏倒	1	2	3	4	5
5. 对异性的兴趣减退	1	2	3	4	5

（7）事件冲击量表及其修改版

事件冲击量表（Impact of Event Scale，IES）是由美国心理学家霍洛维茨（Horowitz）、威尔纳（Wilner）和阿尔瓦雷斯（Alvarez）在 1979 年编写的，共 16 个项目，适用于经历过重大灾难事件、产生应激综合征的个体。IES 主要测量人在经历灾难后的两个反应：闯入（intrusion）——人不由自主地会有那些有关灾难的影像、思想、噩梦和感觉等；回避（avoidance）——人有意地不去想或是谈他们所经历的灾难以及所有与此灾难有关的事物。

第 4 版《精神疾病的统计与诊断手册》发行后，韦斯（Weiss）和迈尔（Marmar）（1997）又根据手册上对创伤后应激障碍的阐述，对 IES 加上了 6 个测量情绪唤起——某些闯入的影像和思想激发人的焦虑和不安等情绪的项目，形成了具有 22 个项目的 IES，并称为修改版的事件冲击量表（Impact of Event Scale-Revised，IES-R）。IES-R 项目举例见表 3-8。

表 3-8　事件冲击量表修改版（IES-R）项目举例

题目	从未出现	很少出现	有时出现	常常出现	总是出现
1. 任何与那件事相关的事物都会引发当时的感受	0	1	2	3	4
2. 我很难安稳地一觉睡到天亮	0	1	2	3	4
3. 别的东西也会让我想起那件事	0	1	2	3	4
4. 我感觉我易受刺激、易发怒	0	1	2	3	4
5. 每当想起那件事或其他事情使我记起它的时候，我会尽量避免使自己心烦意乱	0	1	2	3	4

（8）创伤后应激障碍量表

创伤后应激障碍量表（PTSD Checklist-Civilian Version，PCL-C）为常用的创伤后应激障碍筛查工具，是美国创伤后应激障碍研究中心行为科学分部于 1994 年 11 月根据第 4 版《精神疾病的统计与诊断手册》制定的，中文译文是由姜潮教授、美国纽约州立大学布法罗学院张杰教授和美国国家创伤后应激障碍中心经过多次中英文双译，于 2003 年 7 月完成的。该量表共包含 17 个条目，分别与美国精神病学会的《精神障碍诊断与统计手册》第 4 版（DSM-Ⅳ）中关于创伤后应激障碍诊断标准中的 17 个症状一一对应，要求被试者根据自己近 1 个月内被问题和抱怨打扰的程度打分。问卷各条目均按“1 = 没有发生；2 = 轻度；3 = 中度；4 = 重度；5 = 极重度”5 级评分。问卷根据创伤后应激障碍症状的标准制定，专为非战争引起的创伤后应激障碍设计，其总分用于创伤后应激障碍的初步筛查，简便易行，有利于尽快发现高危人群，为检查创伤后应激障碍三大症状群的频率和严重程度提供一个连续的评分工具。问卷具有良好的信度和效度。该量表内部一致性为 0.97，2～3 周后的复测一致性为 0.96，与其他一些量表的一致性也较高：与战争有关的创伤后应激障碍密西西比量表（M-PTSD）（0.93）、明尼苏达多项人格测验量表（MMPI-PK）（0.77）、灾后民众创伤后应激障碍与事件冲击量表（IES）（0.90）、临床用创伤后应激障碍诊断量表（CAPS）（0.93）。

症状学分析：单项症状阳性标准为条目评分≥3 分。17 个症状归为 3 个症状群，分别为再体验症状群（Criterion B）、回避/麻木症状群（Criterion C）和警觉性增高症状群（Criterion D）。阳性标准分别为：第 1~5项的再体验症状群中任 1 项阳性；第 6~12 项的回避/麻木症状群中任 3 项阳性；第 13~17 项的警觉性增高症状群中任 2 项阳性。3 个症状群筛查均为阳性者符合创伤后应激障碍症状标准。

量表总分：将各条目评分汇总后得到量表总分，分数越高提示罹患创伤后应激障碍的可能性越大。但目前筛查的阳性界值仍存在争议，王相兰等学者用此量表在汶川地震后第 2 周为灾民做创伤后应激障碍早期筛查，认为以 PCL-C 总分为 41 分为界值时约登指数最大为 0.815，筛查灵敏度为 0.948，特异度为 0.867，故 PCL-C 最佳的阳性筛查界值可能是 41 分。PCL-C 项目举例见表 3-9。

表 3-9 创伤后应激障碍量表（PCL-C）（项目举例）

题目	无	轻度	中度	重度	极重度
1. 即使没有什么事情提醒，您也会想起这件令人痛苦的事，或在脑海里出现有关的画面	1	2	3	4	5
2. 经常做有关此事的噩梦	1	2	3	4	5
3. 突然感觉到痛苦的事件好像再次发生了一样	1	2	3	4	5
4. 想到此事，内心就非常痛苦	1	2	3	4	5

续表

题目	无	轻度	中度	重度	极重度
5. 想到这件事，就出现身体反应，如手心出汗、肌肉紧张、呼吸急促、心跳加快、口干、胃痉挛等	1	2	3	4	5

（9）其他

除了上述量表工具外，一些临床上使用较多的心理健康量表也可以用于心理危机的评估和检测。

康奈尔医学指数（Cornel Medical Index，CMI）是美国康奈尔大学沃尔夫（H. G. Wolff）和布罗德曼（R. Brodman）等人（1944）编制的自填式健康问卷。CMI 检查可以在短时间内收集到大量有关医学及心理学的资料，起到一个标准化病史检查及问诊指南的作用。后来，研究者发现 CMI 应用于精神障碍的筛查和健康水平的测定也有良好的效度，因此其应用领域日趋扩大。

简明精神病量表（Brief Psychiatric Rating Scale，BPRS）由欧文奥（Overall）和戈勒姆（Gorham）于 1962 年编制，是一个评定精神病性症状严重程度的他评量表，适用于大多数具有精神病性症状的重型精神病患者，尤其适用于精神分裂症患者。评定人员在对患者做精神检查时，分别根据患者的口头表述和对患者的观察，依据症状定义和临床经验进行评分。一次评定大约需 20 分钟。评定的时间范围一般定为评定前 1 周。评定人员必须由经过训练的精神科专业人员担任。

社会支持量表（Social Support Rating Scale，SSRS）由我国的肖水源（1986）编制，1990 年又进行了修订，是国内有自主知识产权的、用于评定社会支持的工具之一。该量表包括客观支持（3条）、主观支持（4条）和对社会支持的利用度（3条）三个维度。本量表适用于14岁以上的各类人群（尤其是普通人群）的健康测量。测验结果还可以作为影响因素用于心理障碍和疾病的成因研究。

3.3.2.3 访谈法

访谈法是访谈者通过对访谈对象进行访谈而对社会现象进行调查的方法。访谈法可以获得较为真实的第一手资料，常用的量化研究很难深入挖掘研究对象的想法、态度、观点和行为。对于核设施营运单位人员、核事件中的公众和受辐射者，研究者都可以使用访谈法进行心理危机的评估。以核设施营运单位人员的访谈提纲为例进行项目举例，具体见表3-10。

表3-10 中国核电厂操纵人员工作访谈提纲（项目举例）

您好！首先，感谢您抽出宝贵的时间参与我们的研究。本次访谈的主要目的是了解核电厂操纵人员工作的内容、性质及特点，在实际工作中如何处理遇到的问题，以及工作对个人的身体和心理有什么影响，以便我们更好地促进工作进展。访谈内容仅用于学术研究，绝不对外泄露，也不会被公司内部的任何人看到。访谈过程大概会占用您5分钟的时间，谢谢您的配合！
1. 你们的常规工作任务是什么？（概括性描述即可）这些任务的重要性依次是什么？这些任务所费的时间长短如何？ 2. 你在完成常规工作任务时所负的责任有哪些？说明你工作绩效的标准有哪些？ 3. 你在完成以上常规任务的过程中所要做出的决策有哪些？如果你所做出的判断或者决定质量不高或者所采取的行动不恰当，那么这可能会带来的后果是什么？ 4. 当你做出决策或者采取某种正确的行动程序时，你同主管或者其他人有什么样的接触、协商？频率怎样？（如经常、偶尔、很少、几乎没有等）

续表

5. 完成本职工作的最低要求是什么？教育（最低学历、必须具有的文凭或者工作许可证、教育年限、专业或者专长）、工作经验（类型、年限）、特殊培训（类型、年限）、特殊技能。 6. 你的工作环境和工作条件如何？和别人有什么不同？你不满意或者你认为非常规的工作条件有哪些？ 7. 你从事的工作对身体的要求有哪些？对情绪和脑力的要求又有哪些？（心理上的要求） 8. 你的工作对安全和健康的影响如何？工作中你可能会受到哪些伤害？工作时你会暴露于非正常的工作条件之下吗？

在使用访谈法时，需要完成以下步骤。

（1）确定访谈的目的和可行性

进行调查主要是以事实来判断某个现象的真伪。因此，在进行调查之前需要确立一个目标，这样通过访谈法便可以获得真实的资料，以便对结果分析。同时，还要考虑访谈的可行性，比如访谈对象是否愿意接受访谈，访谈的时间、地点等外部环境因素是否会对访谈对象产生影响，以及访谈者专业素质的特点等。

（2）确定访谈的对象、时间和地点

首先，要确定访谈调查的目标人群，并保证访谈对象可以参与访谈。其次，要确定每次访谈的时间，时间要以满足调查目标的需要为准，并且与访谈对象的其他事情无冲突。

（3）制定访谈提纲

访谈者在实施访谈之前需要确定访谈的内容，做好访谈的计划，避免内容的缺失。另外，在提问时如果遇到比较敏感的问题，需要提前修改提问的方式。

（4）确定访谈的记录方式

访谈的记录方式主要有人工记录和机器记录两种。人工记录成本较低，但缺点是记录过程比较复杂，对记录员的要求较高，其在记录时也没有足够的精力观察访谈对象的反应。机器记录能很好地解决这个问题，但缺点是花费较高。另外还需要注意，记录前需要征得访谈对象的同意。

（5）实施访谈

在访谈的过程中要关注访谈对象的看法和观点，同时也要注意不能为了达到访谈的目标而引导访谈对象。在访谈的过程中，访谈对象可能会提供虚假的信息，这时就需要访谈者对访谈对象的言行进行判断。

（6）对访谈结果的处理

应严格按照访谈的原话进行记录，并记录访谈对象的语气、状态变化、动作变化等细节。

（7）对访谈结果的分析

主要是判断访谈对象的表述是否真实，再进行进一步的评估。

第四章　核应急心理危机干预

4.1　核应急心理危机干预概述

危机干预（crisis intervention）的概念最初起源于林德曼（Erich Lindermann）和凯普兰的研究（1944）。心理危机干预（psychological crisis intervention）是指干预者采取一系列有效措施，及时为处于心理危机状态的个人提供必要的心理援助。通过激活他们自身的潜能，帮助个体重新建立或恢复到危机前的心理平衡状态，从而使其尽快摆脱困境，恢复正常生活。

20 世纪 70 年代起，许多发达国家开始将心理危机干预纳入灾后救援工作之中。目前，很多国家已经建立了较为完善的心理救援体制与机制。无论是群体性突发公共事件，还是个体遭受危机，干预人员都能够及时提供帮助，确保受助者得到必要的心理支持。

我国自 20 世纪 80 年代起便开始了灾后心理危机干预的探索。在 1994

年新疆克拉玛依火灾、2000 年洛阳东都商厦火灾以及 2003 年传染性非典型肺炎（SARS）等突发事件中，虽然心理救援得到了应用，但主要依赖于零星的自发式心理救援队伍，缺乏统一组织与协调。2008 年“5·12”汶川地震发生后，政府部门、部队、群众团体和学术团体等组织的大规模心理救援队伍迅速集结，开展了我国历史上规模最大的灾后心理援助实践。这一行动极大地提升了公众对灾难心理救助的意识，并积累了宝贵的经验。同年，卫生部印发的《紧急心理危机干预指导原则》为突发事件心理干预提供了明确的指导方向。2012 年颁布的《中华人民共和国精神卫生法》进一步将心理援助纳入突发事件应急预案之中，为心理危机干预提供了法律保障。2020 年新冠疫情的暴发，再次凸显了心理危机干预的重要性。国家卫生健康委员会迅速发布了《关于加强应对新冠肺炎疫情工作中心理援助与社会工作服务的通知》，为受疫情影响的群众提供了及时有效的心理支持、心理危机干预和精神药物治疗。这些举措在疫情防控中取得了显著成效，获得了世界卫生组织的高度认可。如今，我国的心理危机干预工作已经从最初的自发无序状态，逐步发展为组织有序、专业高效的阶段。这不仅积累了丰富的实践经验，形成了科学有效的工作机制，还为应对未来可能出现的突发事件提供了有力的心理支持保障。

核事故是一种强烈的应激源，不仅会造成生理伤害，还会导致心理危机，不同的个体会产生不同程度的心理应激反应。个体在面对这些难以解决的问题时常会出现极度紧张、担忧、焦虑和抑郁等负面情绪。如果应激反应长时间得不到缓解会转变为心理应激障碍，严重时甚至可能诱发自杀意念。突发的危机还会随媒体传播波及全社会，产生群体心理应激，引发全社会的心理恐慌，甚至可能影响国家安全。

当心理危机发生时，社会通过危机干预的方式，向当事人表达关怀并提供援助，有助于他们摆脱困境。研究表明，相较于未得到心理支持的人们，那些在灾难中得到心理帮助的人们出现心理障碍的概率明显降低。在突发人为灾难后，采取紧急的心理干预措施可以有效缓解人们当时的症状，并预防后续的心理疾患。有效的心理干预有助于个体重获安全感，缓解事故引发的心理焦虑与恐慌，并给予个体应对潜在危机的有效策略。因此，在核事故中对受难群体进行心理援助，是灾后医疗救援必不可少的一部分。

4.2　核应急心理危机干预的对象及阶段

4.2.1　核应急心理危机干预的对象分类

核事故发生后，受灾地区及其他区域人群均可能出现不同程度的心理问题。心理危机干预工作者应在事故发生的第一时间，根据症状水平、发展趋势、卷入程度、心理健康状况对人群进行分类，迅速确定重点人群。干预工作从重点人群开始，逐步扩展，一般性宣传教育要覆盖所有人群。

其分类方式有以下几种。

(1) 根据对核事故的卷入程度分类

第一级：核事故的直接幸存人员、死难者家属及伤员。

第二级：与第一级人群有密切关系的个人及其家属；从事现场救援或救护的工作人员（消防人员、武警官兵、120 救护人员及其他救护人员）。

第三级：从事救援或搜寻的非现场工作人员（后援），帮助进行核事故后重建或从事康复工作的人员或志愿者、记者等。

第四级：可能与核事故发生、发展有相关责任的领导或其他个体，受灾地区以外的社区成员，向受灾者提供物资者与援助者。

第五级：靠近灾难场景时出现心理失控的个体。

其中，第一级、第二级人群是心理危机干预的重点人群。

(2) 根据个体症状表现及社会功能状态分类

第一类：有一定的沮丧、焦虑情绪，但心理症状表现属于正常范围，泛化不明显，社会功能水平未受到明显的影响。

第二类：已出现过度或异常的情绪行为反应，泛化明显，社会功能水平已受到明显的影响。

其中，第二类人群是心理危机干预的重点人群。

(3) 根据是否有伤害性行为分类

有潜在自杀、自伤或伤害他人等危害社会行为的个体均应视为心理危机干预的重点人群。

4.2.2 核应急心理危机干预的阶段

危机干预可暂时解决问题，干预过程一般都很短，但干预效果可能持续很久。研究发现，在突发人为灾难后的短期内，个人的应对方式对于后续的心理健康状况具有显著的预测作用。因此，在核事故刚刚发生后，采取紧急的干预可以有效缓解当时的症状，恢复心理秩序，并预防后续的心理疾患。特别是在核事故发生后的初期，进行及时的心理评估，对受影响人群进行分类，并有针对性地、有统筹地开展心理援助工作显得尤为关键。

由于心理应激反应发展的阶段性，核事故发生后个体在不同阶段的应激反应并不相同，心理危机干预工作者应针对每个阶段采取相应的心理援助模式，提高心理干预的效果。典型的心理危机管理包括 4 个阶段，即 PPRR——预防和减灾（prevention and mitigation）、准备（preparedness）、紧急反应（response）及灾后恢复（recovery）。其中，核事故发生后的危机干预包括了紧急反应和灾后恢复两个阶段。

（1）紧急反应：心理救援

在核事故发生后的早期，需要干预者提供紧急心理救援。此时，心理干预的核心任务在于增强个体的安全感，稳固其情绪状态，提升个体与集体的效能感，促进人际关系的和谐与紧密联系，并激发对未来的希望与期待。这一阶段要求心理工作者做出紧急反应，第一时间到达灾难现场，快速评估现场情况，采取紧急干预以有效缓解急性心理压力、恢复生理和心理功能，减小可能发生的心理创伤，并预防后续的心理疾患。

这一阶段主要开展两类工作。一是作为总体救援行动的重要一环，致力于促进整体人群的心理健康，降低其压力和心理创伤。这主要包括探访受灾者、了解具体情况、传播准确的灾难信息以及对普通大众进行心理教育。二是积极预防、早期发现并治疗灾后常见的精神疾患，包括开展精神疾患筛查工作，鼓励人们主动接受心理咨询，对个体进行针对性的心理教育，并及时进行转诊等。在核事故发生后 1～2 周内，第一类活动是重点；第二类活动应在满足灾民基本需求之后开展，主要着重于减少困惑和迷茫，而非做出诊断。

（2）灾后恢复：核事故后心理重建

核事故所引发的心理问题往往具有长期性，不会在短期内消除，甚至可能在多年后仍对受害者产生深远影响。对于心理疾患的高易感性群体，如儿童、老人和女性，以及经历高度创伤、失去亲人或参与救援等高风险人群，其心理需求显得尤为突出。那些已经符合精神障碍诊断标准的人群，同样有着强烈的心理服务需求。因此，紧急救援期之后有相当数量的群体需要长期心理援助。此外，核事故灾难具有极大的破坏力，影响范围广泛，导致灾后需要接受心理援助的受灾群众数量众多。这些群众不仅面临着心理层面的创伤，还需承担生产自救、重建家园等长期而艰巨的任务。因此，在灾后的漫长恢复过程中，心理重建有助于群众恢复控制感，重拾信心，调动积极性，从而更好地面对生活的挑战。

4.2.3 不同类别人群的心理危机干预

4.2.3.1 核设施营运单位人员心理危机干预

核设施营运单位的人员（以下简称核营运人员）通常在核事故发生时是最早的亲历者。这些核事故的幸存者可能会遭受身体伤残，或者目睹灾难现场的惨状，并经历失去同事、亲人的巨大痛苦。同时，在应激状态下，核营运人员很可能仍需承担更高强度的工作职责。鉴于他们所面临的巨大心理压力和潜在的心理创伤，核营运人员应被视为心理危机干预的首要对象，即第一级干预对象。

核营运人员的压力源主要有两类：

一是核事故本身。个人处于恶劣环境中，面临伤害或死亡威胁；目睹死亡、伤残等场景。

二是职业方面。核营运任务要求、时间压力或工作负荷过度；职业倦怠情绪，如长时间混乱的情况和生死攸关的决策造成的生理或情绪失控；

工作环境恶劣，存在核辐射泄漏的潜在风险等。

对核营运人员的心理危机干预要点有：

（1）心理筛查和预防保健

对核营运人员进行定期心理筛查，并在日常工作培训中向他们普及可能遇到的各种情况及相应的应对方法，使他们掌握基本的心理卫生技巧，以便更好地应对潜在的工作压力和心理挑战。

（2）重视个人的生活安排

尽可能保证营运人员的正常饮食、睡眠和休息等，及时解决他们的困难或需求，如保证身体健康、及时防治疾病、保持和家人的联系。

（3）开展专业的心理危机干预

配备心理卫生专业人员，在团队内开展心理危机干预。如在核事故发生的 24~48 小时内开展心理急救和紧急事件晤谈，帮助核营运人员稳定情绪。

（4）进行持续的心理辅导

在核事故发生之后，应当进行长时间且持续的心理辅导工作。

4.2.3.2　公众心理危机干预

核事故可能因恐怖、焦虑、安全感丧失等不良心理效应的传播和蔓延而引发公众的社会心理危机。因此，主管部门在处理核事故时，应制定专门对策，以消除或减少工作心理危机的影响，并将其作为核事故后果管理工作的重要组成部分。

公众心理危机干预可以从灾前预防、灾后社区干预、灾后心理普查和灾后心理康复几个部分着手。

灾前预防主要包括专业人员的培训、公众的科普教育及各类救援人员的心理救助三方面的工作。灾后社区干预，主要是以社区为单位，了解每个家庭的受灾情况，并借助当地的资源进行相应的心理保健或心理治疗。灾后心理普查，旨在利用心理测验和心理问诊发现心理障碍者和人群中的问题倾向，以便及时开展心理障碍的治疗。灾后心理康复是指根据心理普查的结果区分公众对核事故的卷入程度，采取相应干预手段帮助公众心理康复，如一般性宣传教育；心理普查要覆盖所有人群，以及时帮助重点人群接受心理咨询。

4.2.3.3 受辐射者心理危机干预

受辐射者是核事故发生后应予以关注的高危人群，其既是幸存者，又是受害者。

从康复的角度看，作为一个特殊的群体或个体，受辐射者会出现以下心理问题或表现。

一是受辐射者会存在躯体方面的功能障碍，从而影响其个人生活。

二是由于躯体障碍，其家庭地位、社会地位、社会角色、社交均可能发生改变，这种情况在心理学上被视为重大挫折。在这种情况下，受辐射者可能出现自责、自卑，产生对自身的无价值感，情绪抑郁、沮丧，意志活动减退，对未来没有目标，并出现个性方面的某些变化等。

受辐射者心理危机干预的注意事项如下：

（1）受辐射者的特殊性

受辐射者因生理伤残导致社会功能明显受损，常表现出自我否定、悲观抑郁、丧失信心等心理特点。受辐射者创伤后应激障碍的发生率高于一般的灾难经历者。他们既希望得到关爱和帮助，又对他人的态度极其敏感，这种矛盾的内心会使他们的行为显得难以捉摸。在对他们进行心理干预前应充分认识这一特点，对他们的基本关注要充满共情，而非同情。

（2）利用文化资源调动受辐射者的积极心态

由于受辐射者的特殊心理，心理干预以恰当的方式出现，可以让其更容易接受，如健康体检、送医上门、社区调查等。

（3）各阶段的干预策略

心理急救期的干预主要是提供让受辐射者内心平复的技术，这些技术以支持性心理治疗为基础。同时，社会集体的支持力量在这一阶段发挥着重要的安慰作用，能够给予受辐射者力量和勇气。而在核事故的后期，即受辐射者的身体康复阶段，除了关注身体的恢复，还需要关注他们的心理康复。在这一阶段，受辐射者需要建立对未来的希望，接受躯体伤残的现实，并培养面向未来的勇气。在此可以充分利用传统医学中有利于心理康复的各种治疗方法，如按摩、太极、推拿等，这些方法不仅有助于身体的恢复，也有助于心理的调适和康复。

4.3　核应急心理危机干预的目标和原则

4.3.1　核应急心理危机干预目标

我国学者樊富明认为，危机的成功解决至少有三重意义：当事人可以从中得到对现状的把握；对经历的危机事件重新认识；对未来可能遇到的危机有更好的应对策略与手段。总的来说，危机干预的目标很明确——将灾难造成的不良影响，尤其是对心理的影响降到最低。因此，核应急心理危机干预的主要目标是避免核事故对当事人造成进一步的心理伤害，帮助其建立建设性行为反应方式，在必要时促使当事人更快、更完全地恢复到核应急前的功能水平。

具体来说，核应急心理危机干预的目标分为以下三个部分：

一是稳定情绪。也就是尽力防止核事故后过度悲痛、恐惧等情绪的进一步扩大和蔓延。

二是缓解急性应激症状。主要针对出现创伤后应激问题的个人和群体，给予心理支持与治疗。

三是帮助当事人重建或恢复其各项心理和社会功能，使其能够有效运用自身心理资源适应核事故后的生活，这也是核应急心理危机干预的最终目标。

4.3.2 核应急心理危机干预原则

不同于常态下的心理咨询与治疗，心理危机干预面对的个体和群体正处于生命和生存环境毁灭的灾难性事件中。心理危机干预既遵循心理咨询与心理治疗的基本原则，同时也有一些特殊的原则。美国的心理危机干预研究人员普遍认为，为了缓解当事人的悲伤反应，需要重建他们的独立能力，预防和减轻当事人遭受心理创伤和创伤后应急障碍的痛苦。这其中要注意快速干预、稳定化、理解灾难、注重问题解决和鼓励自力更生五个原则。

2008年，我国卫生部在《紧急心理危机干预指导原则》中，对心理危机干预的基本原则要求如下：

① 心理危机干预是医疗救援工作的一个组成部分，应该与整体救灾工作结合起来，以促进社会稳定为前提，根据整体救灾工作部署，及时调

整心理危机干预工作重点。

② 心理危机干预活动一旦进行，应该采取措施确保干预活动得到完整开展，避免对当事人产生再次创伤。

③ 针对不同需求的当事人，应综合运用多种干预技术，实施分类干预策略，并针对他们当前的具体问题提供个性化的帮助与支持。严格保护当事人的个人隐私，不随便向第三方透露其个人信息。

④ 以科学的态度对待心理危机干预，明确心理危机干预是医疗救援工作中的一部分，而不是“万能钥匙”。

根据以上框架，结合核事故的特点，为了达到心理危机干预的主要目标，心理危机干预工作者必须对核应急地区提供必要的支持，让受灾者能及时便捷地得到自己所需要的各种支持。核事故心理危机干预需要遵循以下原则：

（1）快速及时

核事故发生后，心理危机干预工作者必须在专业指导下迅速做好个人防护措施，并尽快前往事故现场；现场的心理干预应尽可能短暂（几分钟至最长 1 小时）；遇到紧急情况时，需要灵活应对并立刻采取行动。

（2）主动支持

心理危机干预工作者应主动与核事故受灾者建立联系，深入了解每个受灾者的实际需求，耐心倾听他们的倾诉和描述。在尊重他们意愿和需求的基础上，提供针对性的心理救援和心理教育。

（3）协同合作

心理危机干预团队须配合医疗救援工作的安排，与军队应急管理组织、医护工作者、其他社会服务机构和志愿者等协同，建立协同型心理干预模式，促进各机构发挥专业优势，避免资源浪费。

（4）简单实用

心理危机干预工作者采用科学、简单的方法帮助受灾者获得安全感和稳定感，这些方法能满足核应急受灾者的实际需要且容易被其接受；心理危机干预工作者提供的任何建议必须实用，否则就失去了干预效果。

（5）持续介入

对受灾者的干预情况做好档案记录，并不断追踪受灾者当前的心理状况，以增强当事人面对危机的自主能力为最终目标。

4.4 核应急心理危机干预技术

心理危机干预技术可以分为一般支持性技术和专业干预技术。在危机事件早期，心理危机干预的主要目标是重新建立或恢复平衡。在危机稳定期，心理危机干预的主要目标是最大程度地减轻创伤对个体造成的心理和行为影响，并促进个体的成长与发展。一般支持性技术是每个心理危机干预工作者必备的基本技术，也是实施其他任何一种专业干预技术的前提，它能够帮助当事人和干预者建立起良好的沟通关系。

危机干预的基本内容如下：

① 首先要取得当事人的信任，建立良好的沟通关系。

② 提供疏泄机会，鼓励当事人积极表达内心情感。

③ 对当事人提供心理危机及危机干预知识的宣教，解释心理危机的发展过程，使其建立自信，提高对生理和心理应激的应对能力。

④ 根据不同个体对事件的反应采取不同的心理干预方法，如积极处

理急性应激反应，开展心理疏导、支持性心理治疗、认知矫正、放松训练、紧急事件应激晤谈等，以改善焦虑、抑郁和恐惧情绪，减少过激行为的发生，必要时可适当使用镇静药物。

⑤ 调动和发挥社会支持系统（如家庭、社区等）的作用，鼓励当事人多与家人、亲友、同事接触和联系，减少独处和隔离。

4.4.1　一般支持性技术

核事故心理干预中，支持性的心理干预技术（supportive psychotherapy）必不可少。这项技术可以说是每一位心理危机干预工作者必须掌握的基础技术，主要包括倾听、提问、言语反馈、情感反应和表达。这些技术很大程度上与心理咨询与治疗的基本技术是一致的，属于基本的言语技巧，旨在干预中与当事人建立良好的咨访关系，为实现干预目标奠定基础。

（1）倾听

准确和良好的倾听是心理危机干预工作者必须具备的能力，实际上有时仅仅倾听就可以有效地帮助当事人。

有效倾听要做到以下四点：① 将全部精力集中于当事人；② 领会当事人的言语和非言语交流内容；③ 捕捉当事人与他人，特别是心理危机干预工作者进行情感接触时的状态；④ 通过言语和非言语的行为表现方式，建立信任关系。

常用的倾听方式有澄清、释义、情感反应、重述和概述等。

（2）提问

在危机干预过程中，心理危机干预工作者不可避免地要通过向当事人提问来了解情况。提问是否得当对干预进程至关重要。恰当的问题可以促进咨访关系、增进交流和信任，不恰当的提问则可能破坏关系和信息交流。

常用的提问方式可以分为开放式提问和封闭式提问，两种提问方式有相应的适用情境。

（3）言语反馈

言语反馈是把当事人的言语经过分析、概括、总结提炼，用简短的语言反馈给当事人，启发其用不同的视角来理解自己的困境，找到问题的关键。言语反馈通常和倾听、提问结合使用。

（4）情感反应和表达

情感反应和表达是心理危机干预工作者和当事人之间的情感互动。情感反应是指心理危机干预工作者把当事人言语与非言语行为中包含的情绪和情感整理后，反馈给当事人，帮助当事人觉察和接纳自己的感受，也有利于在当事人与心理危机干预工作者之间建立良好的工作同盟关系；情感表达指心理危机干预工作者将自身及对当事人的情绪和情感的观察告知当事人，以此影响和引导当事人进行情感表达。

4.4.2 专业干预技术

根据个体的需要以及危机干预的时期，可采用的专业干预技术有所不同。心理急救是在核事故发生的第一时间采用的干预技术。其他的干预技术除了常用的暴露疗法，还包括紧急事件应激晤谈、稳定情绪疗法、认知行为疗法和眼动脱敏再加工疗法。

4.4.2.1　心理急救

核事故发生后的数小时、数天或数周属于紧急心理救援期。心理救援（psychological first aid，PFA）是在灾难发生后的第一时间，为受灾幸存者建立安全感，减少应激相关症状，让其得到心理上的康复和身体上的休息，并为其提供关键资源和社会支持系统的获取途径的一种危机干预形式。心理救援并非心理咨询或心理治疗，其主要目的是通过支持、陪伴以及主动倾听和反馈技巧来减轻核事故造成的急性心理应激反应。

核事故发生后，心理危机干预工作者队伍应迅速行动，第一时间到达指定地点，接受当地救灾指挥部指挥，熟悉灾情，根据已有的心理危机干预方案，按照紧急心理救援的流程开展干预活动。参考美国的《心理救援现场操作手册》（*The Field Operations Guide for Psychological First Aid*），实施心理救援遵循的流程如下：

（1）接触与投入

接触与投入的目标在于回应当事人发出的需要接触的信息，或者以非侵入性、富有同情心以及乐于助人的态度主动接触当事人。与当事人的第一次接触是非常重要的。以尊重且同情的方式去和当事人进行接触，将有助于建立有效的援助关系，并且可以增进其日后对心理救援的接受度。这一阶段心理救援人员非干涉性地陪伴在当事人身边，关怀他们，礼貌地和他们建立关系，仔细观察他们的状态。

多数当事人不会主动寻求心理帮助，心理危机干预工作者需要主动出访，筛查需要心理干预的对象。应注意的是，心理危机干预工作者应当尊重当事人的意愿。并非所有的当事人都能够在灾难发生后的第一时间内接受心理援助，如果个体婉拒心理危机干预工作者提供的帮助，则需要尊重他的决定，并且向他表明在何时何地都能寻求心理救援。

（2）提供安全感

在与当事人成功接触并着手救援之后，接下来的目标是增强当事人此时此刻和持续的安全感，使其身体上和情感上感到舒适。核事故发生初期，当事人最关心的是与个人生存有关的最基本的问题，如周围环境是否安全，食物、健康是否有保障等。在灾后立即恢复安全感与舒适感，可以降低当事人痛苦和担忧的程度。对亲人失踪、死亡或者接到亲人死亡通知、经历辨认遗体等情境的当事人给予情感上的舒适感和支持，是最重要的救助内容之一。

心理危机干预工作者可以以不同的方式提供舒适感和安全感，包括：提供精确的、最新的灾情信息；主动屏蔽虚假的或令当事人感到极度焦虑的信息；了解救援进展，提供情况好转的相关信息；与有同样灾难遭遇的人建立联系；利用大众媒体宣传心理健康知识和应对方式；采取集体讲座、社区宣传等措施，教授当事人简单的放松技巧和自身心理保健的方法。

在心理危机干预的初期阶段，主要任务是协助当事人缓解急性压力带来的心理负担。无论是在避难场所还是临时住所，都应尽力确保当事人和家庭成员能够聚集在一起，相互提供情感支持，从而消除孤单、恐惧和与世隔绝的不良感觉。这种实际的支持及信息和知识的提供可能不是正式意义上的心理治疗，但它却是心理危机干预不可或缺的重要环节。

（3）稳定情绪

灾难幸存者和罹难者家属会表现出极度悲痛、失控哭泣等强烈情绪，或出现麻木、恍惚等分离性症状，心理危机干预工作者应优先干预情绪崩溃或精神紊乱的当事人，防止其产生过激行为。

虽然遭受创伤性事件后，大部分个体会出现一定程度的麻木、冷漠、精神恍惚、慌乱等不稳定情绪，这通常被视为正常的应激反应，不一定需要额外的干预。然而，当个体处于极高强度的唤醒状态、持续的麻木状态或高度焦虑时，这些状态可能严重影响他们的睡眠、饮食和决策能力，甚至引发自杀、自伤或攻击行为。当事人的安全问题应放在心理危机干预的首位，对反应强烈、持久以至于严重影响正常社会功能的当事人，应考虑实施心理援助。对于一些出现应激症状的当事人，应当提供适当的医疗救助，由精神科医师进行精神症状检查和病史资料收集并诊断，以确定具体的处理方式，如给予药物治疗或者心理治疗，或转介到当地及邻近地区的精神卫生机构进行系统治疗。

（4）收集信息

收集信息的目的在于识别当事人当下的需求与担忧，制定个体化的心理救援干预措施。在提供心理救援的时候要注意灵活性，根据不同的个体和他们的需求调整干预措施。此外，还应收集大量信息，以便调整和优化干预措施，来满足个体的需要。尽管正式的评估在危机干预时并不适用，但心理危机干预工作者可以了解以下情况：① 有无立刻转诊的需要；② 有无提供额外服务的需要；③ 是否需要提供随后的会谈；④ 是否使用过心理救援措施。

询问和澄清以下问题能够更有效地帮助当事人：灾难中创伤的来源、性质和严重程度；亲人去世的情况；对灾害后当前处境和持续存在的威胁的担忧；与亲人分离或担心亲人的安危；身体疾病、心理状况和救治需求；失去家庭、学校、邻居、事业、个人财产、宠物的经历；极度内疚和羞愧感；伤害自己或他人的念头；社会支持的可能性；饮酒或药物滥用史；对于青少年、成人和家庭发展影响的特殊担忧。

（5）提供实际帮助

提供实际帮助，要求心理危机干预工作者在面对当事人的迫切需求和担心时，给予切实有效的帮助。在经历灾害事件后，人们往往会感到失去希望和情绪低落，这时为他们提供所需的支持和资源，能够极大地增强他们的信心、希望和尊严。因此，协助当事人应对当前或预期的心理问题是心理救援的一个核心组成部分，心理救援时要尽可能多地满足当事人所认定的需求。

（6）联系社会支持系统

帮助当事人联系社会支持系统，也就是帮助当事人与主要支持人员或其他支持资源建立起短期的、持续的联系，这些资源包括家人、朋友以及社区资源等。因为社会支持关系到人们在核事故发生之后的情绪稳定和复原。重建社会联结和支持网络的渠道一般有以下几种方式：① 鼓励当事人积极与家人、朋友相聚，并投入时间进行深入交流。通过这样的互动，当事人可以分享自己的情绪和心理反应，进而认识到自己的感受并不异常。这种分享与理解的过程有助于当事人宣泄内心的压力，从而缓解心理负担。② 可在灾区成立社区互助小组，将同一社区内相互熟悉的灾民进行分组。这样的分组机制有助于他们相互支持、相互帮助，共同度过难关。每个小组选出一位小组长，负责关注并管理组员的心理健康问题。一旦小组长发现任何心理应激症状的人员，应及时向心理危机干预工作者汇报，以便为受影响的灾民提供及时的心理援助。③ 专业的心理危机干预团队及其成员应深度融入到支持网络中，为当事人提供专业、高效的指导。同时，还需向当事人普及相关知识，使其了解悲伤情绪和应激障碍在危机事件中属常见心理反应，以减轻其心理负担。此外，心理危机干预工作者应展现出对当事人的深切关怀与专业尊重，确保当事人在感受到危险或绝望时，能够向专业人员进行求助，从而有效应对心理危机。

（7）提供应对信息

核事故发生后的第一时间，当事人正处于心理冲击期，对于突发情境和危险感到迷惑、慌乱、不知所措，难以有效应对自身所面对的问题。此时提供各类第一手救援和事件进展等信息能够最快速、有效地满足他们的基本心理需求，减轻压力，帮助他们恢复适应功能，稳定情绪。这些信息包括：关于还在发展中的事件的最新进展，目前所知的有什么；正在做什么以援助他们；在何时、何地，何种服务可利用；受灾者的反应以及如何处理他们的自身保健和家庭保健。

（8）联系协助性服务机构

灾难发生后，当事人往往有各方面的需要。联系服务机构的目的就是为他们当前或将来所需服务提供联系。例如，当事人出现紧急医疗问题时，心理危机干预工作者可提供相关医疗机构的联系方式；或是经精神科医生初步诊断后确定为急性应激障碍的患者，可将其转介至相关的精神医疗机构。

心理救援为危机干预提供了基本框架，它是一种权宜之计，本身并非用来治愈心理或解决问题，而是提供非侵入性的身体和心理支持。值得注意的是，并非所有人都需要即时的心理救援，更不能强加实施，除了心理救援干预外，还需要其他的措施来抚平情绪的波动，预防威胁生命行为的发生，重新整理核事故情境下特有的不合理认知。

4.4.2.2 紧急事件应激晤谈（CISD）

紧急事件应激晤谈（critical incident stress debriefing，CISD）是系统地通过交谈来减轻压力的团体心理治疗方法，是一种最基本的心理危机干预技术。通过公开讨论内心感受，提供支持和安慰，寻找资源，帮助当事人在认知和情感上消化创伤体验。

CISD 首选应用于直接暴露于核事故的第一级人群，如核设施营运单位人员，参与核事故急救的消防员、警察、急诊医务工作者等。一般认为，灾难发生以后 24～48 小时是理想的干预时间，过早或过晚（6 周后）效果均不理想。

CISD 要对晤谈参加者加以甄别，一些处于抑郁状态的人或者处于剧烈哀伤情绪中的丧亲者不适宜参加集体晤谈，每次晤谈人员的规模以 7～8 人为宜。CISD 的过程基本分为 6 个阶段。

（1）介绍阶段

介绍的内容包括：干预者的自我介绍，CISD 的规则，解释保密原则以及小组成员的构成。此阶段需要与晤谈参加者建立相互信任的关系。强调 CISD 不是正式的心理治疗，而是一种减轻创伤性事件所致应激反应的服务。

（2）事实阶段

请参加者描述在紧急事件发生的过程中，他们自身及事件本身的一些实际情况，询问参加者在这些事件发生过程中的所闻、所见和所为。干预者要打消参加者的顾虑，如果参加者觉得在小组内发言有所不适，也可以保持沉默。

（3）感受阶段

询问参加者有关感受的问题包括：事件发生时有何感受？目前有何感受？以前有过类似的感受吗？鼓励每个参加者依次描述其对事件的认知反应，表达自己对于有关事件的最初和最痛苦的想法，使其情绪得以表露和宣泄。

（4）症状阶段

请参加者表述自己应激反应的症状表现，如失眠、食欲缺乏、脑子不停闪回事件的片段、注意力不集中、记忆力下降、决策和解决问题的能力减退、易发脾气、易受惊吓等。询问参加者在核事故过程中有何不寻常的体验，目前有何不寻常体验，事件发生后生活有何改变。请参加者讨论这些体验对家庭、工作和生活造成什么影响和改变。此阶段的目的是帮助当事人识别并分析自己的应激反应，将其从情感领域向认知领域转变，从而对事情产生更深刻的认识。

（5）辅导阶段

介绍正常的反应；提供准确的信息，讲解事件、应激反应模式、应激反应的常态化；强调适应能力；讨论积极的适应和应对方式；提供有关进一步服务的信息；提醒可能的并存问题；给出减轻应激的策略；讲解如何自我识别症状。鼓励当事人坚强面对困难，激发其内在的力量，并努力调动当事人利用现有社会资源和自己的康复潜能参与心理重建，同时应传授和提供必要的应激管理技巧和积极应对技巧，以及促进整体健康的知识和技能。

（6）恢复阶段

澄清问题；总结晤谈过程；回答问题；提供保证，讨论行动计划；重申共同反应；强调小组成员的相互支持；提供可利用的资源；干预者进行总结。

4.4.2.3 稳定情绪疗法

稳定就是要在一个人的内心创伤和积极体验之间找到一个平衡点。稳定化内容包括了躯体的稳定化、社会性方面的稳定化、心理的稳定化和治疗计划、心理教育等。核事故的发生会破坏人的五个方面的需要，即安全、信任、控制、自尊和人际关系。人们常常会感到自己随时可能受到环境和他人的伤害，在这种状态下，个体会失去对自己的信心及对周围人的基本信任，还会失去对世界的安全感和对自己生活的掌控感。

稳定情绪疗法（emotional stabilization therapy，EST）通过引导和想象练习帮助当事人在内心世界中构建一个安全的空间，适当远离令人痛苦的情景，并寻找内心的积极资源，激发内在的生命力，重新唤醒面对和解决困难的能力，点燃对未来生活的希望。因此，该技术主要用于危机干预的初始阶段，以帮助当事人将情绪和认知水平恢复到常态，从而接受下一步的治疗措施。

常用的稳定情绪疗法有保险箱疗法、安全岛疗法和放松疗法等。

保险箱疗法是一种易学的负面情绪处理方法，主要通过想象的方法来完成，它是将个体所面对的一些负面事件和情绪放入想象的容器中，以减轻这些负面事件和情绪对个体的影响。

安全岛疗法是邀请当事人想象一个使自己感到绝对舒适和惬意的地方，这个地方只有当事人自己可以进入。同时，这个地方受到良好的保护，有边界，绝对安全，可以阻止未受邀请的外来物闯入，不存在任何压力，只有好的、保护性的、充满爱意的元素存在，当事人可以根据自己的想象随时去到这个安全岛，以减轻负面事件和情绪的影响。由于核事故中个体的情感张力大，干预者应注重言语诱导，要有足够耐心。

放松疗法是让被治疗者按一定的练习程序，学习有意识地控制或调节自身的心理生理活动，以降低机体唤醒水平，调整那些因紧张刺激而紊乱的功能的方法。常用的放松疗法包括呼吸放松、肌肉放松、想象放松。除了有严重分离反应者外，其他对象均可使用放松疗法。

放松疗法注意事项：① 在使用放松疗法时，治疗者应提供亲身示范，减少被治疗者的羞耻感；② 在使用放松疗法时，治疗者应注重引导被治疗者体验放松前后的差异；③ 在使用放松疗法时，治疗者应尽量进行口头指导，便于被治疗者接受和掌握放松要领；④ 放松训练注重不断的、重复的练习，每次至少进行 10 分钟。

4.4.2.4　认知行为疗法

个体对核事故的认知评价是决定应激反应的主要中介，问题取向与情绪取向是主要应对策略。

面对突发的核事故，人们出现的心理应激反应有个体差异，这种差异主要是由个体对核事故的认知评价决定的。核事故发生后，受害者是否会出现创伤后应激障碍以及慢性创伤后应激障碍，也与个体的认知模式有关。认知行为疗法（cognitive behavior therapy，CBT）是通过调整个体对人或事的认知来提高个体的应对能力和应激能力。

通过重构个体的歪曲认知，可帮助其正视困难、疏泄情感、重建信心、获取支持，以积极心态面向未来，并全身心地投入到生活与工作中。

4.4.2.5　眼动脱敏再加工疗法

眼动脱敏与再加工（eye movement desensitization and reprocessing,

EMDR）疗法由美国心理学家和教育家夏皮罗（Francine Shapiro）于 1987 年创立，最初仅为眼动脱敏，1991 年发展为眼动脱敏与再加工。其中，眼动脱敏仅是 EMDR 双侧刺激中的一种，而双侧刺激是 EMDR 操作中众多组成部分的一部分。

EMDR 是一种整合的心理疗法，它汲取了控制论（cybernetics）、精神分析、行为学、认知学、生理学等多种学派的精华，建构了加速信息处理的模式，可帮助患者迅速降低焦虑，诱导积极情感，唤起患者对内的洞察、观念转变和行为改变并加强内部资源，使患者能够实现理想的行为和人际关系改变。

EMDR 治疗的疗程可分为 8 个步骤，包括采集一般病史和制订计划、稳定和为加工创伤做准备、采集创伤病史、脱敏和修通、巩固植入、身体扫描、结束、反馈与再评估。

当个体经历创伤时，当时的场景、声音、思想、感觉会被“锁定”在神经系统中。在某种特定状态下，让患者按治疗师手指移动的不同方向及速度将眼球移动数十次，可以有效地解开神经系统的“锁定”状态，并能够让患者在大脑中对创伤的经历进行再加工。这种治疗对于抑郁、焦虑、多梦以及多种创伤后的恐惧等心理问题具有良好的治疗效果。

第五章　核应急心理健康促进

核事故发生后，对受灾者生理和心理健康的支持是最优先的工作之一。受灾者及核事故处置前线人员（如核电站工作人员、警察、消防员和医护人员等）的心理健康都是核应急心理健康促进的工作对象。核应急心理健康促进的工作旨在通过专业的心理学工作，准确区分出不同心理健康受损程度的个体，并为他们提供恰当的支持和帮助，从而助力他们恢复正常的心理健康状态。核应急心理健康促进常用工作方法有核应急心理健康教育、心理状态评估、团体心理辅导、个体心理辅导、精神科诊疗等。

5.1　核应急心理健康促进的方法

核应急心理健康促进方法是指运用心理学原理来评估和提升工作对象心理健康水平的一系列措施。常见的方法有建立心理健康档案、运用心理学原理开展的各类心理健康活动（如心理健康团体辅导和心理剧）等。

5.1.1 建立心理健康档案

心理健康档案是用于描述工作对象心理状态的文书。档案的记录应当包括如下三部分：工作对象的基本信息，工作对象在核事故中的各类受损害情况，以及心理状态评估与计划开展的心理健康促进工作。

（1）工作对象的基本信息

基本信息包括：档案编号、姓名、性别、年龄、联系电话、联系地址、紧急联系人和（或）法定监护人姓名及电话。咨询师可将编号后的《来访者资料表》作为基本信息材料存档，或根据具体工作需要整理单独的基本信息材料存档。

（2）工作对象在核事故中的各类受损害情况

受损害情况是评估工作对象心理状态的重要信息，包括工作对象身体伤害情况，两系三代内家人或其他重要的人（如恋爱对象、好友等）的身体伤害情况，工作对象财产受损情况和工作对象目前生存状态（如是否能获得必要的医疗资源、饮用水和食物等）。

（3）心理状态评估与计划开展的心理健康促进工作

心理状态评估是了解工作对象心理健康水平和心理健康受损程度的过程，是后续开展心理健康促进工作的前提和基础。在心理状态评估之前，工作人员要告知工作对象心理评估的目的、方式和保密原则，并取得工作对象的书面同意。

对工作对象进行心理状态评估，不仅要收集信息以便做出准确的评估，同时也意味着后期干预的开始。大体上来说，评估的目的包括：① 获取必要信息；② 从完整的人的角度了解工作对象；③ 了解工作对象目前所处的环境；④ 形成良好的工作关系；⑤ 向工作对象进行初步的心理健康知识宣教，让工作对象了解自己目前的心理状态。

5.1.2　评估的步骤

5.1.2.1　开始

评估的开始阶段，工作人员的首要任务是让工作对象先放松下来。应注意以下内容：

（1）不受干扰的环境

评估的环境应该安静，理想的状况是只有工作人员和工作对象两人在场。谈话的内容保证无外人听见，使工作对象感到自己受到尊重。交谈被频繁打断（无论是被其他工作人员打断，还是被电话及其他通信工具打断）会令工作对象感到不安。

（2）自我介绍与称谓

对于初次参加评估访谈的工作对象，工作人员必须简单介绍一下自己的背景状况，如工作经验等，为工作关系定下一个平等的基调。同时，根据工作对象的年龄和身份，确定对其的称谓。最好的办法是询问工作对象希望工作人员怎么称呼。

采取上述步骤后如能令工作对象放松，此时工作人员应该开始与工作对象寒暄，了解工作对象的一般状况和目前的心理不适。如果工作对象仍显得紧张，工作人员就应仔细了解情况，发现导致其紧张的原因。如工作对象十分担心谈话内容会被泄露给他人，这时工作人员需要再次与工作对象就保密原则进行进一步的解释和承诺。如果工作对象在最初接触时显得困惑混乱，工作人员应考虑工作对象是否处于焦虑状态，或其意识障碍状态是否为智力低下或痴呆。如果确认工作对象存在严重的认知功能障碍或意识障碍，就应该考虑向知情者询问情况，同时使用其他方式完成对工作对象的评估（详见本章“不合作的工作对象”）。

5.1.2.2 深入交流

最初的一般性接触结束后，评估访谈逐渐转入实质性内容。工作人员希望了解工作对象都存在哪些心理不适、心理不适的起始时间和演变过程等。在深入交谈阶段应注意的问题有以下三点。

（1）以开放式交谈为主

对于神志清楚、能合作的工作对象，可以提一些开放式的问题，如“你哪里不舒服?”“你的心情怎么样?”“这种不舒服是什么时候发生的?”“你能不能比较详细地谈谈情绪的变化过程?”。与封闭式交谈（工作对象对问题只能以“是”或“否”来回答，如“你最近是不是经常失眠?”）相比，开放式交谈可以启发工作对象自己谈出内心体验。在此阶段，通过与工作对象交谈可以了解其主要的心理不适体验及其发生发展过程，并可以观察掌握工作对象的表情、情绪变化，以及相应出现的异常姿势、动作、行为和意向要求。

（2）主导谈话

在谈话进行过程中，工作人员不但要尽量使工作对象感到轻松自然，还应该主导谈话，使工作对象集中在相关的话题上，不能过多纠缠于细枝末节，避免导致头绪不清。如果确有必要，工作人员可以打断工作对象的谈话，直接询问关键性问题，但这种方式应尽量少用。还可以使用某些技巧，如下文将要谈到的非言语性交流，引导工作对象略去枝蔓，挖掘要点。工作人员若想得心应手地驾驭谈话，交谈技巧是必需的，同时更需要丰富的精神病学方面的知识和临床经验。.

(3) 非言语性交流

眼神、手势、身体的姿态等，构成了非言语性交流的主体。工作人员可以通过使用这种手段鼓励或者制止工作对象的谈话。例如，工作人员可以采取身体前倾、眼神凝视、频频点头等姿态鼓励工作对象讲出工作人员所要了解的重要内容；也可以采取身体后倾、垂目、双手规律敲击等动作表示对工作对象现在所说的没有兴趣。对于一些工作对象，双方的身体接触有助于缓解工作对象的焦虑、紧张情绪，如有力地握住工作对象的手或轻轻拍拍工作对象的肩膀，可迅速拉近人际距离。

5.1.2.3 结束

深入交谈时间视问题的复杂性而定，一般持续 20~45 分钟。在交谈临近结束时，工作人员应该做一个简短的小结，并且要询问工作对象是否还有未提及的很重要的问题。对工作对象的疑问做出解释和保证，如果对工作对象的后续心理健康促进工作有所安排，应向工作对象说明。最后，同工作对象道别或安排下次评估访谈的时间。

5.1.3 评估访谈的技巧

5.1.3.1 工作人员的修养

(1) 坦诚、接纳的态度

首先，在心理状态评估的全过程中，工作人员必须与工作对象进行面对面的接触，只有经过与工作对象密切的接触和交谈，才能完成评估工作。其次，异常心理状态必定会影响到工作对象的谈吐、行为、处事方式甚至生活习惯，因此往往不被社会接纳。工作人员应该真诚同情并关爱受异常心理状态折磨的工作对象，宽容理解其异常表现。工作人员还应该具备一定的文化敏感性和处理拥有不同文化背景的工作对象的能力。

（2）敏锐的观察力

敏锐的观察力可以使工作人员在与工作对象接触时，敏锐地觉察到工作对象的心绪，发现隐蔽的异常，不仅要明白工作对象说了什么、在什么情况下欲言又止，还要洞察工作对象还有什么没说，判断工作对象对工作人员的真实态度；同时通过与工作对象家属的交流及观察工作对象与家属的交流，分析工作对象社会支持系统的优劣。

（3）良好的内省能力

工作人员在同工作对象打交道时，不但要设法体察工作对象的内心世界，也应该尽力体察自己的内心。人非圣贤，即使有足够的爱心和宽容，工作人员每日在面对工作对象各式各样的异常言行，特别是针对工作人员本人的攻击、侮辱时，依然会像所有普通人一样，产生种种负性情绪，如愤怒、不满、厌恶、恼恨等。如果这种负性情绪累积，不但会伤害工作人员自身的健康，也会损害双方的工作关系。工作人员除了应该掌握排解负性情绪的技巧外，也应意识到，冷静地分析自己的内心感受有助于对自身（或工作对象）做出正确的评估。

（4）丰富的经验与学识

工作对象年龄有大有小，学问有高有低，文化背景、家庭环境、成长经历各有不同，要做到与“人”打交道而不是与“病”打交道并不容易。建立良好工作关系的办法之一是设法找到共同语言，避其锋芒，逐步深入。这就需要工作人员具有心理学知识以外的学识。熟悉的话题能较容易地使工作对象放松并愿意交谈。除了学识之外，经验也十分重要，丰富的人生阅历是工作人员宝贵的财富。如果一名工作人员的阅历、相关知识缺乏，那么他就无法很好地理解工作对象复杂的内心体验。

（5）得体的仪表与态度

仪表整洁、态度端庄是对每一名工作人员的基本要求。除此之外，工作人员在仪表与态度上应表现为“善变”。在青少年工作对象面前，工作人员的装束、举止不可过于严肃，以免显得死板；面对躁狂的工作对象，又不能太过随便，令工作对象误以为轻佻；与心情忧郁的工作对象相处，可试以幽默；同人格障碍的工作对象打交道，应尽显机智敏锐。此外，要取得工作对象的信任，工作人员首先要自信。自信心是建立在学识与经验的基础上的。自信的人在态度上是可亲的。最后还应注意，工作人员要与工作对象保持恰当的距离。工作关系也是一种人际关系，过于疏远或亲近都会损害心理健康促进过程。

5.1.3.2　沟通技巧

好的沟通技巧是良好工作实践的基石。它的重要性表现在以下几个方面：① 有效的沟通是评估中必不可少的组成部分；② 有效的沟通可提高工作对象对后续心理健康促进工作的依从性；③ 有效的沟通有助于提高工作人员的工作技能和自信心；④ 有效的沟通有助于提高工作对象的满意度；⑤ 有效的沟通可以提高心理健康促进工作资源的使用效率并改进相关服务的质量。因此，沟通技巧是所有工作人员的必修课。

（1）倾听

这是一项最重要也是最基本的技术，却最容易被繁忙的工作人员所忽视。工作人员必须尽可能花时间耐心、专心地倾听工作对象的诉说。如果工作对象表达的内容偏离讨论主题，工作人员可以通过提醒帮助工作对象回到主题。工作人员应该允许工作对象有充裕的时间描述自己的身体不适和内心痛苦，唐突地打断工作对象可能会导致工作对象在刹那间对工作人员失去信任。可以说，倾听是发展双方良好工作关系最重要的一步。

（2）接受

这里指无条件地接受工作对象。无论工作对象是怎样的人，工作人员都必须真诚地加以接受，不能有任何拒绝、厌恶、嫌弃和不耐烦的表现。

（3）肯定

这里指肯定工作对象感受的真实性。这种肯定并非赞同工作对象的异常体验，而是向工作对象表明工作人员理解其所叙述的感觉。接纳而不是简单否定的态度，有助于双方的沟通。

（4）澄清

澄清就是弄清楚事件的实际经过，以及事件从开始到最后整个过程中工作对象的情感体验和情绪反应。尽量不采用刨根问底的问话方式，以避免工作对象推卸责任或对工作人员的动机产生猜疑。最好让工作对象完整地叙述事件经过，并了解工作对象在事件各个阶段的感受。

（5）善于提问

评估访谈既不同于提审犯人，连珠炮似的步步紧逼，也不同于求职面试，提问顺序、提问内容千人一律。首先可以就工作对象最关心、最重视的问题开展交流，随后自然地转入深入交谈。前文谈到两种问话方式：开放式交谈与封闭式交谈，除非特例，一般尽量采用开放式交谈。

（6）重构

把工作对象说的话用不同的措辞和句子加以复述或总结，但不改变工作对象说话的意图和目的。重构可以突出重点话题，也可向工作对象表明工作人员能够充分理解工作对象的感受。

（7）代述

有些想法和感受工作对象不好意思说出来，或者是不愿明说，然而对工作对象又十分重要，这时工作人员可以代述。例如，对于核事故发生后存在性功能障碍的工作对象，该话题通常羞于启齿，工作人员可以这样开始“我想别人处于您这样的状况，也会出现一些问题……”。代述这一技巧可以大大促进双方的沟通。

（8）鼓励

工作对象表达有多种方法。除了前文提到的非言语性的交流方式外，工作人员可以用一些未完成句，意在鼓励工作对象接着说下去。工作人员甚至可以用本人的亲身经历引发工作对象的共鸣，从而得以与工作对象沟通。

沟通技巧很难通过阅读这方面的书籍、文章得以提高。学习沟通技巧的最佳方式是在资深工作人员的指导下进行实际操作。

5.1.3.3　信息采集应注意的事项

（1）信息采集应尽量客观、全面和准确

可从不同的知情者处了解工作对象不同时期、不同方面的情况，相互核实，相互补充。事先应向知情者说明信息准确与否关系评估结果，提醒供史者注意资料的真实性，并应了解供史者与工作对象接触是否密切，对工作对象心理状态情况的了解程度是否掺杂了个人的感情成分，或因种种原因有意、无意地隐瞒或夸大一些重要情况，因此工作人员需要对供史者所提供的信息的可靠程度进行恰当的估计。如工作对象的家属与单位对其心理状态的看法有严重分歧，则应分别加以询问，了解分歧的原因所在。

如供史者对情况不了解，还应请其他知情者补充。并应收集工作对象的日记、信件、图画等材料以了解其心理状态，但应注意保护工作对象的隐私。

（2）初学者对有关人格特点的资料掌握难度较大

一般可以从以下几个方面加以询问：① 人际关系的改变。核事故发生后与家人相处如何；有无异性或同性朋友，朋友多或少，有无关系疏远或密切的变化；与同事、领导或同学、老师的关系有无变化等。② 习惯的改变。核事故发生后有无特殊的饮食、睡眠习惯的改变；有无特殊的嗜好或癖好；既往有无吸烟、饮酒、药物使用等习惯，以及核事故发生后习惯有无改变。③ 兴趣爱好的改变。既往业余或课余时间的闲暇活动、情趣和爱好，以及核事故发生后有无改变。④ 占优势的心境。核事故发生后情绪是否稳定，是乐观高兴还是悲观沮丧，有无焦虑或烦恼，有无内向或情感外露，是否容易冲动或激惹。⑤ 是否过分自信或自卑，是否害羞或依赖。⑥ 对外界事物的态度和评价。

此外，应询问工作对象对自己的看法和别人对他的评价。了解工作对象在特定情景下的行为和在工作与社会活动中的表现，亦有助于了解工作对象的人格特点。

（3）信息采集时询问的顺序

受时间限制，工作人员一般先从现在的状况问起。其他信息的采集则多从既往心理状态谈起，对既往情况有充分了解将更有利于目前信息的收集，但可根据具体情况灵活掌握。

（4）情况记录应如实描述

应进行整理加工使情况记录条理清楚、简明扼要，能清楚反映异常心理状态的发生发展过程以及各种异常表现的特点。对一些重要的异常情况可记录工作对象原话。记录时要避免用心理学或医学术语。对评估访谈资料工作人员应保密，切勿将其作为闲谈资料，这也是职业道德的重要内容。

5.1.4　心理状况评估的内容

5.1.4.1　外表与行为

（1）外表

外表包括工作对象的体格、体质状况、发型、装束、衣饰等。严重的自我忽视如外表污秽、邋遢，提示精神疾病的可能。处于躁狂状态的工作对象往往有过分招摇的外表。明显的消瘦除了考虑伴发严重的躯体疾病外，在年轻女性工作对象身上也应考虑神经性厌食的可能。

（2）面部表情

从面部的表情变化可以推测一个人目前所处的情绪状态，如紧锁的眉头、哀怨的眼神提示抑郁的心情。

（3）活动

注意活动的量和性质。处于躁狂状态的工作对象总是活动过多，不安分；处于抑郁状态的工作对象少动而迟缓；处于焦虑状态的工作对象表现出运动性的不安，或伴有震颤。

（4）社交性行为

了解工作对象与周围环境的接触情况，是否关心周围的事物，是主动接触还是被动接触，合作程度如何。躁狂状态的工作对象倾向于打破社会常规，给人际交往带来种种麻烦；而核事故对工作对象造成心理创伤时，工作对象在社交行为上往往是退缩的。工作人员应仔细描述工作对象的社交状况，并举例加以说明。

(5) 日常生活能力

工作对象能否照顾自己的生活，如自行进食、更衣、清洁等。

5.1.4.2 言谈与思维

(1) 言谈的速度和量

言谈中有无思维奔逸、思维迟缓、思维贫乏、思维中断等。

(2) 言谈的形式与逻辑

言谈中思维逻辑结构如何，有无思维松弛、破裂，象征性思维、逻辑倒错或词语新作。工作对象的言谈是否属于病理性赘述，有无持续性言语等。

(3) 言谈内容

言谈中是否存在妄想。分析妄想的种类、内容、性质、出现时间、是原发还是继发、发展趋势、涉及范围、是否成系统，内容是荒谬还是接近现实等；是否存在强迫观念及与其相关的强迫行为。

5.1.4.3 情感状态

情感状态可通过主观体现与客观表现两个方面来评估。主观体现可以通过交谈，设法了解工作对象的内心世界。可根据情感反应的强度、持续性和性质，确定占优势的情感是什么，包括情感高涨、情感低落、焦虑、恐惧、情感淡漠等；情感的诱发是否正常，如易激惹；情感是否易于起伏变动，有无情感脆弱；有无与环境不适应的情感，如情感倒错。如果发现工作对象存在抑郁情绪，一定要询问工作对象是否有自杀观念，以便进行紧急风险干预。客观表现可以根据工作对象的面部表情、姿态、动作、讲话语气、自主神经反应（如呼吸、脉搏、出汗等）来判定。

5.1.4.4　感知

有无错觉，包括错觉的种类、内容、出现的时间和频率，与其他异常表现的关系；是否存在幻觉，包括幻觉的种类、内容，是真性还是假性，出现的条件、时间与频率，与其他异常表现的关系及影响。

5.1.4.5　认知功能

（1）定向力

定向力包括自我定向，如姓名、年龄、职业，以及对时间（特别是时段的估计）、地点、人物及周围环境的定向能力。

（2）注意力

评定是否存在注意力减退或注意力涣散，有无注意力集中方面的困难。

（3）意识状态

根据定向力、注意力（特别是集中注意的能力）及其他精神状况，判断是否存在意识障碍及意识障碍的程度。

（4）记忆评估

评定即刻记忆、近记忆和远记忆的完好程度，是否存在遗忘、错构、虚构等异常。

（5）智能

根据工作对象的文化教育水平适当提问，包括一般常识、专业知识、计算力、理解力、综合分析能力及抽象概括能力。必要时可进行专门的智能测查。

5.1.4.6 自知力

经过信息采集和全面的心理状态评估，工作人员还应大致了解工作对象对自己心理状态的认识，可以就个别异常状态询问工作对象，了解工作对象对此的认识程度；随后工作人员应该要求工作对象对自己整体的心理状态做出判断，可由此推断工作对象的自知力，进而推断工作对象在后续心理健康促进工作过程中的合作程度。

5.1.4.7 特殊情况下的精神状况检查

工作对象可能由于过度兴奋、过度抑制（如缄默或木僵）或敌意而不配合工作人员的心理状态评估。工作人员只有通过对以下几方面细心的观察，才能得出正确的诊断推论。

（1）一般外貌

可观察工作对象的意识状态、仪表、接触情况、合作程度、饮食、睡眠及生活自理状况。

（2）言语

有无自发言语，是否完全处于缄默；有无模仿言语、持续性言语。缄默工作对象能否用文字表达自己的思想。

（3）面部表情

有无呆板、欣快、愉快、忧愁、焦虑等，有无凝视、倾听、闭目、恐惧表情。对工作人员、亲友的态度和反应。

（4）动作行为

有无特殊姿势，动作增多还是减少；有无刻板动作、模仿动作；动作有无目的性；有无违拗、被动服从；有无冲动、伤人、自伤等行为。对有攻击行为的工作对象，应避免与其发生正面冲突，必要时可以对工作对象进行适当约束，这样会帮助工作对象平静下来。

如果一个工作对象呈现神情恍惚、言语无条理、行为无目的、睡醒节律紊乱，高度提示该工作对象存在意识障碍。应从定向力、即刻记忆、注意力等几个方面评估。要估计意识障碍的严重程度，并推测造成意识障碍的原因，以便紧急采取有可能挽救其生命的措施。

5.1.4.8　风险评估

有两种情况需要做出紧急风险评估，一种是工作对象存在伤人行为，另一种是工作对象可能存在自伤的危险。风险评估的目的是：① 确定工作对象可能会出现的不良后果；② 确定可能会诱发工作对象出现危险行为的因素；③ 确定可能会阻止工作对象出现危险行为的因素；④ 确定哪些措施可以立即实施，良好的风险评估是建立在全面的信息采集和认真的评估访谈的基础之上的，其他来源的信息，包括知情者提供的情况、既往的医疗记录、心理咨询档案等，都可作为重要的参考资料。一般说来，处于抑郁状态、老年男性、支持系统差、社会经济地位低、以往出现过自杀史等，都是自伤或自杀的高风险因素；而患精神分裂症、存在命令性幻听、男性、有既往暴力史等，提示伤人风险性较高。可针对不同情况采取相应措施降低风险。例如，事先警告工作对象的监护人，对工作对象可能出现的行为采取防备措施；在人身安全受到威胁时通知警察；在紧急情况下应将情况汇报有关部门，强制工作对象住院治疗等。

5.1.5　心理状态的描述和后续处置

经过全面的评估访谈，工作人员应该对工作对象的心理状态形成较为系统的描述，要涵盖工作对象的认知、情感和意志行为三方面的精神活动状态及自我保护能力、抽象思维能力、理解和整合能力、现实检验能力、内省能力等方面的心理功能状态。例如，工作对象对答切题，但语音低、语量少，否认存在幻觉但存在自罪妄想，情绪低落，意志行为明显减退，自知力受损，可能罹患精神疾病；或工作对象意识清晰，对答切题，情绪反应适切，否认存在幻觉、妄想，思维连贯性和思维内容均正常，访谈过程中略显焦虑，但焦虑情绪均与核事故相关，焦虑情绪的产生有现实基础，其自我保护能力、抽象思维能力、理解和整合能力、现实检验能力、内省能力均正常，情绪调节功能存在，但力量较弱，无法有效调节自身存在的焦虑情绪，考虑为核事故引起的一般心理问题。

工作人员还要根据心理状态评估结果，就后续处置给出意见和建议。对于可疑罹患精神疾病的工作对象，应当建议其寻求精神科诊治。如果工作对象的现实检验能力和自知力受损，工作人员应当向工作对象的家属或单位通报其心理状态评估结果，并建议相关人员将其送医。对于存在一般心理问题的工作对象，工作人员可根据实际情况建议其参加各类心理健康促进工作。

5.1.6 心理健康促进工作的过程记录

心理健康促进工作的过程记录包括每次工作的基本信息和当次工作的重点和要点。

① 实施心理健康促进工作的日期、时间和工作方式（如：成人个体面对面心理咨询等）。

② 当次工作的主题、干预措施和工作对象对干预的反应概述。

③ 对于工作对象当时心理状态的评估结果（如：工作对象心理功能

基本正常，能履行正常社会功能；工作对象处于心理危机状态，心理功能不足以有效应对目前困难，社会功能受到一定损害；怀疑其目前处于精神疾病发作期，可疑存在听幻觉、被害妄想，情感反应不协调，意志行为减退，无自知力，社会功能明显受损等)。

④ 工作对象如处于心理危机状态或怀疑其处于精神疾病发作期时，工作人员采取的具体干预措施和干预效果（如：与工作对象紧急联系人的具体沟通情况和结果等)。

⑤ 基于目前情况对工作对象未来情况的预期（包括对预后的判断）和干预措施。

⑥ 辅助工具的使用情况和具体工作过程中的相关材料（如：心理测验的实施和结果；结构化访谈的实施和结果；沙盘照片；心理咨询工作中布置的作业和完成情况等)。

⑦ 心理健康促进工作设置的变更情况和原因（如：工作对象因故临时调整心理咨询时间安排等)。

⑧ 突破心理健康促进工作设置时的处置（如：工作对象缺席心理咨询时的处置等)。

⑨ 工作过程中涉及伦理和法律法规要求之议题的具体情况、处置措施和结果。

⑩ 其他工作人员认为需要记录的事项。

5.2　心理健康活动

心理健康活动是指运用心理学原理开展的，以促进工作对象心理状态表达为目标的各类活动。心理健康活动常以音乐、绘画等艺术形式进行。

作为心理健康活动的音乐活动可以有系统的干预过程。在这个过程中，工作人员运用各种形式的音乐体验来帮助工作对象达到恢复健康的目的。音乐活动作为心理健康活动不是简单、单一、随意和无意义的音乐活动，也不是无计划的音乐活动。作为心理健康活动的音乐活动可通过聆听、创作、表达等各种各样的音乐体验过程，使参与者的心理状态达到平衡，情绪得到纾解。音乐活动中一定要运用到音乐的元素，带有旋律的音乐和带有节奏的音乐都可选用。运用到的音乐可以是现场演奏的，可以是与工作对象合作完成的，也可以是录制好的。工作人员需要在音乐活动中与工作对象建立起良好的信任感，这有助于工作效果的提升。

工作对象可通过自由地绘画，发泄心中的负面情绪、缓解内心的痛苦，这也是常见的活动形式。工作人员通过引导工作对象对其作品进行解读欣赏，帮助其从自我创作中了解自己，发现自己的心理问题，以实现修复自我的目的。在绘画过程中，工作对象把自由绘画与思维联想结合在一起，把情感和精神上的压抑宣泄在绘画创作上，绘画这一艺术手段可以投射出人内心深处的情感，发掘自身的潜意识。人们在绘画过程中会不由自主地把自己的负面情绪、冲突想法、思维方式以及希望达成的愿望融入作品中。

5.2.1 心理健康团体辅导

对大多数工作人员来说，领导心理健康团体的难度很大，同时收获也最丰。

5.2.1.1 心理健康辅导团体的目标

行为主义研究者确定了两种类型的团体的工作目标：结果目标和过程目标。结果目标是指那些与工作对象生活有关的行为变化的目标，如恢复工作、改善和修复人际关系、感受到更强的自尊等。把注意力集中在关心成员的心理健康辅导的团体比那些主要关注工作对象间相互作用的团体更有益。

过程目标是指与团体进展相关的目标。过程目标可以帮助成员提高在团体中的舒适水平，增加开放性，学会用更有效率的方式与别人交流。有些专家强调团体的关注点应主要与“此时此地”所发生的事关联，而对外部的关心就不那么重要。出于这种思想，团体辅导的时间主要用在相互作用、成员反馈和辩论上。尽管关注过程目标可以是心理健康辅导团体的一个很有价值的方面，但是我们认为核应急心理健康辅导团体不能把它作为主旨，而团体的基本目标应当集中于关心工作对象的结果目标。

5.2.1.2 建立治疗团体

（1）治疗团体的规模和成员

理想的心理健康辅导团体一般由 5～18 人组成，并且一旦团体成立，其成员应保持不变。在理想的团体中，成员是自愿加入的，并且共享非常私人化的信息。在许多情境下，团体不可能完全这样。我们在此介绍这种情况，以便使读者在开始工作时对可能发生的情况有所准备。大体来说，非自愿参与的团体更难领导，而且收效甚微。

（2）何时聚会

实际上，并没有硬性规定心理辅导团体必须经过多少次会谈。有的团体每天 1 次例会，每次大约 1 个小时；有的团体 2～3 周会谈 1 次，每次为

1~3个小时。由于环境和成员人数的不同，团体领导者可以尝试不同的会谈时间安排，以确定每周或每月的最佳会谈次数。核应急心理健康辅导团体通常每周或隔周会谈一次。

5.2.1.3 团体辅导的过程

我们始终强调当进行团体辅导时应将重点放在个人的问题上。我们确实想提醒大家的是，团体辅导也需要不时地把治疗焦点放在团体过程中，这是具有意义的。把治疗焦点集中于过程的意思是指我们必须关注成员们在团体中的行为和感受。举例来说，有的成员可能想在会谈中占上风，那么大家对他的回应是有很好的帮助作用的；有的成员可能会闲扯，领导者或别的成员可以向他指出这一点并希望他可以对自己与他人相处的方式进行一些内省。在有些团体中，一些成员害怕别人看不起他，因此领导者可以关注这个话题。觉得自己被贬低、自己不是整体的一部分或害怕受到反对都是有意义的，这些都是可供讨论的材料。如果领导者处理得当，成员的冲突或紧张也可以变成团体的收获。经验丰富的领导者总是会关注会谈的过程，如同关注会谈的内容一样，并且在需要的时候把工作的重心放在团体过程中。

5.2.1.4 主持团体辅导常犯的一些错误

在心理健康辅导团体的领导者中有几种错误很常见，在此有必要简单地总结一下。

（1）试图一意孤行地主持治疗

许多领导者都曾试图在得到成员同意之前把他置于团体的焦点之下，结果是该成员抵触领导者所做的努力。这不仅浪费了时间，而且使成员们变得沮丧，甚至产生怨恨和不满。

（2）其他成员没有参与感

新手领导者最常犯的一个错误就是对一个成员进行个体辅导而把其他成员冷落一旁。当工作人员努力帮助一个成员时，让其他成员只坐在一边旁听是非常错误的。

（3）在一个人身上花费太多的时间

一些领导者用一周又一周的时间力图帮助深陷痛苦中的某个成员，或者把会谈的大部分时间用在一个成员身上，这些都是错误的做法。领导者应当认识到，有些成员有意寻求或者需要团体特别的注意。领导者的自然倾向是关注这些成员，尤其是其他成员不大说话时，但经验丰富的领导者会在心中暗暗记下不同的成员占用了多少时间。

（4）在一个人的身上用时过少

许多新手领导者在有人想要插话时经常会犹豫是否把焦点仍集中于一个人身上。当这种情况发生时，主持人常让一个成员先讲一分钟左右，然后换另一个成员，然后再换一个成员。有时，这样做是有益并有价值的，但在某些情况，这种交流相对于把焦点集中于一个成员身上来说较肤浅。处于注意中心的成员会深入探究自身的问题所在，这最终常会使其他的成员更深刻地了解自身的问题。

（5）关注无关的话题

领导者经常会犯的错误是让一个成员随便谈个人的经历，而这个故事与团体完全无关。领导者甚至会问一些有关这个故事的问题，或者让别的成员也这么做。一个相似的错误是有两三个成员关注一些不相关的主题，而领导者未能转移他们的注意力。应当认识到，如果领导者没有打断某些话题或成员，会谈很可能对大多数成员来说就没什么意义了。

（6）把会谈变成提出建议的会议

在团体辅导中很常见的错误是领导者把会谈变成了给予建议的会议。就是说，当一个成员在团体辅导中提出其所面临的困难或问题时，其他成员就努力提供各种方案来帮助该成员，这并不符合团体辅导的初衷和应有氛围。有时给予建议是有益的，但总的来说，每个成员都应该在大家的鼓励和推动下自己解决自身的问题。当领导者缺乏理论知识，只依赖成员们的建议作为变化的中介时，会谈经常变成提建议式的“群英会”。

5.2.2 心理剧

心理剧是一种使用行动技术的团体心理辅导方法。团体成员并非围坐成一圈讨论彼此的生活以及生活中存在的问题，而是伴随团体成员们的扮演，将生活带到现场。这一过程内容丰富生动，形式活跃而有趣味。团体成员运用他们的创造力和自发性找到问题的解决方案。在心理剧中，团体行动是一种观看正在动态进行中的个体生活的方式，这种方式可以让人看到在特定情境下发生了什么、没有发生什么。所有的场景呈现在当下，即便有些来自个体的过去或未来。团体扮演出当事人的部分生活，将之如放录像般呈现在主角和现场所有人眼前。心理剧的目标是帮助个体更具建设性、自发性，更快乐、更有力量地按自己的意愿去设计人生。洞察与情绪宣泄的目的在于疏通个体的感知力，释放个体应对改变的能力。

5.2.2.1 心理剧的环境

工作人员与工作对象坐成一个圆圈，行动就发生在团体中间，于是其就成为主角和戏剧的象征性支持者。有时候，由于场景的改变和情绪强度的提高，主角会提出要求，把行动转向房间的其他部分。不论心理剧是发生在特别设计的房间、礼堂大厅、病房、教室还是任何其他空间，也不论舞台的物理形式如何，它都有同样的功能。舞台或心理剧的工作空间是既处于“真实”世界之外又牢牢扎根于后者的一个地方，是现实与幻想并肩工作的地方。它是主角可以安全实验的地方，任何事都可能在心理剧舞台上发生。它是“生活的延伸部分”，是可以用行动表现个体的现实生活空间，也是可以探索潜力和讲故事的地方。

5.2.2.2 基本元素

心理剧方法中最基本的五项“工具”分别是：① 舞台。② 主角，心理剧的工作对象和主要演员。③ 导演，运用一系列专业技能来促进演出并确保主角和团体安全的人。④ 辅助性自我（现在通常称作辅角），通过扮演角色来协助行动的人。⑤ 观众，见证整个过程的人。

舞台是工作人员在房间里指定的一个工作区域，同时也是心理剧的一个工具。主角是团体中一个具有代表性的声音，通过主角其他团体成员可以做他们自己的工作。在心理剧中，主角的问题是团体活动的焦点。导演是给工作人员的称号，其功能是作为一位共同创造者，运用一系列专业技能来为主角服务，推动主角的行动。导演对辅角和团体中的其他人同样负有责任。辅角的扮演者由主角从团体成员中选出。心理剧的一个核心信念是主角会选出最适合扮演某个角色的人，不论这一选择乍看上去是多么不可靠。这在很大程度上是一个直觉过程。经常是在行动之后，选择的“理由”才会清晰起来。观众就是团体中所有没有直接投入行动的人。从主角的观点来看，他们起到了充当见证的治疗作用。单独这一项就能有强大的效果——我们大部分人认可被倾听的好处，希望真正地被听到。这种好处在心理剧中潜在地变得更加强烈，因为这里的故事不只用语言来讲述。

5.2.2.3 心理剧的阶段

心理剧以某种形式呈现——它包括三个阶段，分别是热身、演出和分享。

这些阶段在不同的心理剧里以及在不同的导演带领下，表现形式各异。在某种程度上，这些术语中的每一个都是自我定义的。因此，热身是关于准备的，让个体和团体做好准备，增强能量；演出是主角通过行动来讲故事、进行实验和解决问题的阶段；分享则是团体一起表达共同的体验和感情。每个阶段都有它自己的结构和治疗力量。

5.2.2.4 心理剧的技术

在演出阶段，导演有许多技术可供调配。采用哪些技术在某种程度上取决于他们的个人偏好和理论观点。但导演们会问他们自己的一个最重要的问题是“现在做什么对主角会有帮助?”。最广为应用的心理剧技术包括以下三类。

(1) 角色交换

角色交换被很多心理剧导演认为是所有技术中最重要和最基本的技术。它是“驱动心理剧的引擎”，也是主角采用心理剧中某人或某物的立场、个性特点和行为方式而暂时成为对方的过程，而此时原来扮演那个角色的辅角则暂时扮演主角。角色交换有很多功能。在布景时，即心理剧中确立行动背景（时间、地点、人物）的部分，主角可把其对剧中重要他人的理解转达给团体，提供给辅角逐步展开这些角色的信息。当剧展开时，主角可以把关于“他人”的进一步信息提供给团体、辅角和导演。例如，如果辅角被困住或是主角认为被扮演的人不会出现类似辅角所表现出的反应，那么导演会邀请主角转换角色：“请演给我们看应该是怎样的!”角色交换也可以使主角能够从其他人的视角来看这个世界。虽然这看上去很奇怪，但事实是当主角扮演他人时，他就会更“了解”那个人——话被说出来，意象浮现在脑海中，情感被体验到，而主角原先对这些都一无所知。角色交换这种方法给主角提供了深入理解他们自己与剧中其他角色之间发生的相互作用的机会。

（2）替身

替身现在被用来称呼两种不同的“技术”，他们有时被称为永久性替身和自发性替身。

永久性替身是在心理剧的大多数或全部时间里代表主角、采用他的姿势和言谈举止的一位团体成员。这种替身主要起到支持作用。有时候，“支持者”的身体姿态本身就能帮助主角并使他的能力得到提升。通过深入分析证实，替身能够表达主角在心理剧中自我压抑或自我监视的思想和感情。

自发性替身这种形式的替身出现在以下情况：当团体中的一位尚未扮演角色的成员认为有些话应当被说出来或是说出来会对心理剧有帮助时，在导演（其任务是确保不会中断和偏离行动流程）和主角的允许下，这些成员可以将自己的感受或想法贡献出来。当轮到他们发言时，他们会像主角一样表达自己的想法和感受。自发性替身的优点在于，它不仅能够为主角提供深入洞察的机会，而且能够营造出一种团体成员积极参与、融入并支持剧情发展的氛围。

在这两种替身方式中，主角都有可能接受替身所说的话并用自己的话来复述。作为选择之一，如果这些话不恰当，主角也会拒绝复述替身的话。

（3）镜照

镜照是一种让主角从外部观看场景的心理剧方法。主角的位置由一位辅角代替，主角离开场景，观看行动继续进行或重新进行一遍。镜照的目的是鼓励主角更客观地觉察自我。

第六章　核应急与公众心理沟通

核与辐射领域的公众沟通是指通过合适的媒介或渠道，将核与辐射领域中法律要求或公众关注的信息进行传递和反馈，以期达到公众对核与辐射的认知、情感、态度及行为的改变。核与辐射领域的公众沟通的重要性体现在以下几方面。

（1）公众沟通对核电发展有重大的影响

近代三次重大的核事故及其惨重后果动摇了民众对核电及相关政府部门的信任感，使不少民众“谈核变色”，以致不断出现大规模反核抗议行动，给核能产业的发展带来很大阻碍。因三哩岛核事故，美国核电发展停滞了 30 年；1986 年，受苏联核事故的影响，日本、德国和瑞典一度因民众的反对而弃核或计划关闭所有核电站，意大利 95% 的民众投票反对恢复建设核电厂。除了这些直接影响之外，公众接受度还间接影响核电的安全目标和管理。为了恢复公众对核电的信任，核电建设投入成本明显增加，核电建设周期最多可延长 13 年。

（2）公众沟通是核应急工作的核心内容

核事故发生后，公众对自身安全受到的威胁产生严重担忧和恐慌，公众迫切地想要了解相关信息和知识，而网络媒体信息常夸大不实或互相矛盾，如果缺乏及时、公开、透明、科学的公众沟通和信息交流，将很容易产生误解和谣言，造成社会恐慌和不安定。核应急的处理需要整个社会的共同配合与支持，需要政府与公众之间的相互理解、信任、支持和合作，如果政府部门能够及时发布准确信息，开展有效的公众沟通，就可以迅速控制事故舆论影响的程度，防止次生事故和公众危机升级。对各种灾害事故的研究表明，最易引起民众恐慌感和畏惧感的灾害就是核辐射。核事故发生后，如果缺乏科学有效的公众沟通，很可能引发群体性的非理性行为，即公众危机事件，其后果和损失远超过核事故本身的影响。比如，1979 年美国三哩岛核电站事故，这次事故导致的个人照射剂量当量最高仅 0.8 mSv，但一半民众无法保持理性状态，逃离者超过 14 万人，同时 7 万多人的反核势力挺进华盛顿，此次骚动导致的社会混乱以及经济停滞造成了超过 10 亿美元的损失。

（3）公众沟通是我国社会发展和转型的需要

目前，我国正处于经济高速发展的社会转型期，社会矛盾和公共事件频发，公众参与社会管理的诉求在逐渐增强，传统的社会管理方式已不适应当下社会发展，政府职能逐步从管理型向服务型转变，即充分尊重和保障公众的知情权和参与权，将公众的利益放在最高层。我国核电的发展一直受各种社会文化因素制约，如公众受教育水平不高，对核的恐惧感和偏见由来已久；对国家发展核电的接纳和支持度不高；关于核科普教育存在诸多困难等。可见，公众沟通已成为时代发展的要求。

回顾我国核电事业的发展，作为重要“配套工程”的公众沟通工作相比其他核专业技术领域仍处于探索阶段，与其他领域还存在一定的差距，如标准不规范、实施效率低、资源不匹配等问题。2017 年 9 月，我国通过了《中华人民共和国核安全法》。同年，中国核能行业协会发布了《公众沟通通用指南》，指出公众沟通包括公众宣传、公众参与、信息公开、舆情管理以及公众沟通标准流程五个部分。其他与公众沟通相关的法律法规还有《中华人民共和国环境保护法》《中华人民共和国环境影响评价法》《中华人民共和国放射性污染防治法》《中华人民共和国科学技术普及法》《中华人民共和国突发事件应对法》《中华人民共和国政府信息公开条例》《核电厂核事故应急管理条例》等。本章主要介绍公众对核电的常见认知和态度，探讨核应急公众心理沟通中的障碍和应对策略，包括公众接受度、邻避效应和风险沟通等，以及如何发挥新媒体的积极作用，科学引导公众参与和配合舆情应对。

6.1 核应急公众认知与态度

中国公众对核电发展的接受度不高，普遍存在对核能的担忧和排斥态度。绝大多数人表示，如有可替代的能源存在，宁愿选择其他能源而不是核电。

研究发现，人群类别、性别、年龄、受教育程度、年收入及生活满意度等调查因素可不同程度地影响居民对核电的认知和态度。2014 年，对广西防城港核电站周围 30 千米范围内的常住居民的 2 003 份调查显示，61.4%的居民担心核电站发生事故，其中女性、年收入高、受教育程度高的居民更易担心核电站发生事故；32.6%的对象认为核电站不安全，其中男性、年龄在35岁以下及50岁以上、年收入高、生活满意度高的居民中对核电站安全性评价较高；当地67.6%的文化程度在初中以下的女性，对核电站的认知不高，但却支持当地建设核电站，这可能与当地建设核电站可以增加就业、改善生活水平等因素有关。核电站周围居民对核电站安全性的总体评价不高，较为担心核电站发生事故；对国家发展核能比较支持，但不支持当地建设核电站。胡元蛟等研究发现，公众对核电站的接受度平均值为2.28。远离核电站的受访者具有更高的接受度，5~20千米和20~40千米范围接受度的平均值分别为3.12和3.89，76.5%的公众认为核电发展对于中国向低碳社会的转型具有重要意义。

核应急发生后，公众认知和态度主要集中在两方面：一是安全感和信任感方面，包括环境安全、社会安全和自身健康安全问题；二是生活质量方面，包括居住地社会保障、公共设施保障、生活便利等问题。以日本福岛核事故为例，人们经常会围绕以下问题产生危机感和不信任感：我们现在应该逃离福岛吗？我们可以不戴面具出去吗？孩子们能在外面玩吗？我女儿能在福岛生孩子吗？辐射对健康的影响会遗传吗？我们可以喝自来水吗？现在核电厂的情况如何？住在这里有什么风险？我的孩子和父母能一起去看望我们吗？去污程序的效率是多少？将来有可能重新开始我的生意吗？我们可以吃从花园里摘的蔬菜吗？相关研究发现，公众的认知和态度因受核事故演变发展的不同阶段、不同距离影响而有所不同，有研究提出“地域-认知-心理压力”概念模型，$Y=f(d, w, t, k)$。其中，Y为该地域公众心理压力值，d为公众所处地域距核电厂直线距离，w为公众所处地域当时风向，t为核电厂突发核事故发生至今时长。结果显示，中度和重度污染区民众公众心理压力水平迅速上升，重度污染区民众容易心理崩溃，中度污染区有矛盾心理和从众心理的民众较多，轻度污染区和安全区民众态度相对平静，心理压力上升速度慢，但中后期容易有从众心理。

下面介绍与核领域公众认知与态度相关的一些研究，包括公众接受度、恐惧管理和邻避效应。

6.1.1 公众接受度

公众接受度指的是公众对能源、环境和气候等领域的感知、态度和行为。早在20世纪80年代就有学者提出了公众理解科学理论，该理论的主要假设是缺陷模型，即由于公众缺乏足够的知识，其总是对新技术持敌对态度，故提倡方向是大力增进公众对科学的理解和认识，提高公共科学素养。但美国学者杜兰特在1999年指出，将知识视为理解科学与公众之间关系的唯一因素是非常局限的，由于很多公共专业的知识难以被民众真正掌握，其也就无法正确评估与技术相关的风险和收益，因此公众主要依靠专家做出判断。他提出了公众理解科学的民主模型，聚焦于包括知识、价值观、权力关系和信任在内的更广泛因素，比如根据“情感启发式理论”，人们主要利用自己的直觉来评估有害事件。民主模型将科学家和非科学家平等对待，并强调了公众参与对促进公众接受科学技术的影响作用。

研究表明，影响核电公众接受度的直接因素是感知利益和感知风险。核电的感知利益和公众接受度呈正相关，如核电技术可降低能源价格，低碳环保，可改善当地生态，增收和增加当地就业等；核电的感知风险则与公众接受度呈负相关，尽管核事故发生的可能性很小，但核电的感知风险仍然是影响公众接受度的最重要因素之一。相比于感知利益，感知风险更易被公众感知和评判，核事故对公众舆论的影响之一就是在感知风险增加的同时，核电公众接受度下降。核电公众感知利益和感知风险也与个体的情感认同有关：公众对核能的一般态度与消极情感认同有关，因为公众倾向于降低与自己喜爱的活动相关的风险感知；反之亦然。

社会信任是影响公众接受度的另一个关键因素。社会信任指的是“人们愿意依赖那些负责任地做出决策，并在技术、环境、医学或其他公共卫生安全领域采取行动的人”。西格里斯特（Siegrist）2000 年提出，公众对科学家、企业和监管机构的信任都会对其感知到的利益和风险产生重要影响。在核电领域，社会信任的对象包括政府实体、核电企业、科学家和媒体。研究显示，公众对核电科学家的信任度最高，均值为 4.3；而对媒体的信任度最低，均值为 2.94，只有 32.4%的受访者对报道核电问题的媒体有所信任。当公民不了解核电站的相关知识时，他们难以用较理性的方式去思考和理解，也难以做出基于具体事实的纯理性的推论，故往往会倾向于通过对政府或科学家的情感认同和信任来评估核电站带来的利益和风险，而不是通过感知知识。

自中国 2013 年重启核电建设以来，地方政府大力开展核电领域的公众参与活动，这些宣传在逐渐影响普通民众的情感认同和社会信任，以期可以提高核电领域的公众接受度。

6.1.2　恐惧管理

恐惧管理理论（Terror Management Theory，TMT）来源于存在主义理论基础，存在主义理论认为死亡的必然性带来了潜在的死亡焦虑即生存焦虑。生存焦虑通常是无意识的，但会对人类的社会行为产生广泛而深远的影响，如产生偏见、群体性冲突、恐怖主义和侵略行为，会影响市场变化、消费主义和环境保护主义，也会影响个体的生活习惯，让人追求更高的艺术创作和社会贡献等。1973 年，文化人类学家贝克尔（Ernest Becker）在《拒斥死亡》一书中提出，所有人类行为都是对生的欲望和死的必然这一对矛盾做出的反应。1986 年，社会心理学家格林伯格（Jeff Greenberg）等形成了恐惧管理理论，其核心观点是人类在意识到死亡的必然性和不确定性之后，会启动心理防御过程，发展出多重适应和进化机制来应对死亡焦虑和恐惧。

TMT 提出两个基本假设：焦虑缓冲器假设（The Anxiety-Huffer Hypothesis）和死亡凸显性假设（The Mortality Salience Hypothesis）。焦虑缓冲器假设认为，自尊和文化世界观是人类缓解死亡焦虑的最主要机制。人类通过文化世界观建构出一个有意义和秩序的庞大文明和社会体系，个体通过认同和遵守这一体系，获得保护和力量感，也获得自我价值感和意义感，即自尊，从而可以抵御和超越死亡恐惧，从象征意义上获得永恒感。个体的价值标准与所处的文化世界观越接近和紧密，个体自尊就越高，高自尊能减少对死亡相关的防御性反应。

死亡凸显性假设，指通过对个体进行死亡提醒操作，个体会出现倾向于强化其自尊和文化世界观的反应以缓解死亡焦虑，如个体会对支持其文化世界观的事物做出更多积极反应，而对不支持其文化世界观的事物做出更多消极反应。个体对死亡焦虑的防御又可以分为远端防御和近端防御。远端防御是接近潜意识层面的心理活动，即自尊和文化世界观。近端防御机制是意识层面的防御，指的是个体意识到死亡的必然性后，就会启动一系列防御方式去阻抗与死亡有关的想法，如夸大自己的健康和坚强、否认自身的脆弱来把死亡推远，或关注健康知识、增加运动、控制饮食等行为来避免思考和靠近与死亡有关的问题。死亡凸显操作突破了个体的近端防御，而唤起了死亡焦虑，故个体会产生威胁-防御反应。如死亡凸显后，个体对残疾人会更冷漠，尤其是男性受试者的死亡思维提取度（death thought accessibility，DTA）会更高。同样的反应也发生在观看老年人的图片后，因为老年人和残疾人都是一种靠近死亡的威胁信号。故死亡凸显不仅能提高个体的自尊需要，而且可以引起世界观防御、亲密关系追求，残疾人与老年歧视等多种现象。

TMT 认为，恐惧管理的第三重防御系统是亲密关系。研究发现，破坏亲密关系会提高死亡思维的提取度（DTA），而且亲密关系对恐惧管理的优先级高于自尊和文化世界观，亲密关系可以在一定程度上代替后二者的功能。只有在亲密关系匮乏时，个体才会倾向于产生对世界观防御及自尊追求的需要，启动亲密关系情景会使恐惧管理需要得到满足，进而降低个体对世界观防御及自尊追求的需要。TMT 与依恋理论的研究发现，在死亡凸显操作后，安全性依恋者对亲密关系的需要显著增加，而不安全性依恋者却无此变化；焦虑型受试者增强了世界观防御，而回避型受试者却提高了自尊追求。

研究发现，死亡凸显效应并非只有死亡凸显操作才可以引起，其他威胁如不确定性、无意义感、社会排斥等均可诱发类似效应；也并非所有死亡提醒均可引起世界观防御，很多具有植入意义、价值和秩序的心理现象，如刻板印象、认知一致性、印象管理、公正信念、社会认同等，都具有恐惧管理功能。为了研究死亡凸显效应背后的真实动机，后续学者又提出了认知闭合、意义维持、联结及控制动机等理论。认知闭合理论发现，高认知闭合倾向者更难以忍受死亡引发的不确定感，会花费更少时间回答死亡提醒问题，且更易使用贬抑策略；而低认知闭合倾向者更易接受死亡，甚至会有好奇感。意义维持理论认为，所有威胁都造成了某种意义的破坏，故修复意义是恐惧管理的最终共同机制。所谓意义（meaning），即关系，指个体通过关系与周围建立联系。意义维持有三种基本途径：重新修复（revise）、重新解释（reinterpret），流体代偿（fluid-compensation）。重新修复是指努力把变化了的关系恢复原状；重新解释是重建认知图式和对关系的预期，以适应新的关系；流体代偿是指个体放弃修复和解释，试图在其他领域重建新的关系。联结动机学说认为，与他人及团体建立联结可以提高安全感，缓解死亡恐惧，而对文化世界观、自尊与亲密关系的追求，都是与他人或团体建立联结的手段。联结动机学说侧重于应对死亡的不确定性，而 TMT 则侧重于应对死亡的必然性。

按照 TMT 理论的启示，核事故发生后，公众的死亡恐惧被高度唤起，公众的自尊和文化认同受到威胁，使其容易产生弱势群体和受害者心态。我们在公众沟通中可以借助应用恐惧管理理论，帮助核事故周边公众恢复自尊水平，积极寻求亲密关系支持，加强文化认同，促进公众关系修复和建立联结。目前，TMT 的跨文化研究主要集中在西方文化，尚未明确东方文化中的哪些文化世界观指向死亡不确定性恐惧，哪些指向死亡必然性恐惧。为数不多的国内研究发现，中国人的死亡焦虑低于西方人，这可能与中国人的集体主义观念较重有关。我们还需要探索中国人特有的恐惧管理方式，了解东方文化是如何影响国人的死亡恐惧的，具体机制如何，还有待进一步研究。

6.1.3　邻避效应

邻避效应（Not-In-My-Back-Yard）指居民或所在社区因担心建设项目（如垃圾场、核电厂、殡仪馆等邻避设施）对身体健康、环境质量和资产价值等带来负面影响，而产生了嫌恶排斥心理，即“不要建在我家后院”，并采取强烈和坚决甚至高度情绪化的集体反对甚至抗争行为。它反映了民众对社会事务的积极性与参与度的提高，有一定的积极作用，但也可能激化民众的非理性行为。邻避效应的心理与认知因素越强烈，居民的邻避意识越强，对经济性补偿方案的各方面要求也就会越高，如若处置不当，将产生不良后果，可能延误社会建设进程、加大建设成本，还可能引发社会政治问题，带来社会的不稳定因素。

产生邻避效应的影响因素通常有五个方面：① 信任缺失。当公众对政府的一般性信任缺失，或者社区在与政府的交往经验中存在失败或负面的经历时，在决策过程缺乏透明度的情况下，公众易于产生不安全感与不公平感。一旦民众对政府的经济性补偿方案感到不满或不公，则易导致过度的自我保护行为。② 知识与信息欠缺。当利益相关人或单位对公益性邻避设施的近期与远期后果缺乏充分了解时，其容易接受一些不准确或错误的信息，在主观上缩小邻避设施的正面效应，夸大其负面后果。③ 社会责任感弱。对问题、风险和成本的观点狭隘和局限，如“只要不建在我的后院就行”“凭什么由我们来承担应该整个社会承担的后果”。在当今社会，这些观点易于获得一般民众的共鸣和支持，并有可能被他人所夸大和操纵。④ 对邻避设施的高情绪化评价和高风险规避倾向。一方面，邻避设施的选址和补偿决策等往往会被社区认为是强加的，这会导致情绪化反应；另一方面，风险规避意识强的公民更容易产生感受风险和负面预期，进而加剧对抗性情绪和情绪化行为，形成恶性循环。

心理距离和解释水平理论认为，解释水平应与心理距离相匹配，过高的解释水平会拉远心理距离，而过低的解释水平又无法准确表达想法。因此，应不断采取最合适的解释水平拉近心理距离，再根据更近的心理距离降低解释水平，以达成良好的公众沟通。在核领域中，尽管核能的环境利益客观存在，但核能环境利益与“邻避群体”的心理距离却很远，心理距离越远，公众对核能的认知越抽象，越容易形成刻板印象，增加风险感知而降低利益感知，而企业和政府与公众的沟通方式也主要以通告和听证为主，属于高水平解释，更不容易引导公众态度的改变。因此，在利用环境利益破除“邻避效应”的过程中，要降低环境利益的解释水平，增强公众对细节的切身感受，缩短心理距离，提高公众的利益感知。

如何应对邻避效应？第一，完善保障制度和体系。设置邻避设施时需要充分尊重公众的环境知情权、参与权和监督权，引导公民参与，达到民主协商和科学决策。在公益性项目的具体规划、选址、环境评估、建设和运营过程中，加强信息公开、民意调查、召开听证会等方式的制度规范化、程序化和法治化，项目选址从偏重“专业技术指标”向侧重“系统风险评估”转变，综合评估，慎重决策。第二，完善公众沟通体系。信息公开从“法定公开”向“全程公开”转变，构建政府主导、政企合力、上下贯通、统筹推进的工作机制，推动以往“小马拉大车”向“大马力牵引”的转变。第三，重建公众心理资本。研究认为，邻避效应中公众心理资本的四个要素，即群体信任感、群体参与感、群体效能和群体韧性均有受损，提示我们可以从修复公众心理资本入手，增加公众参与度，恢复公众效能感和提高群体韧性，赢得公众信任和支持。第四，公众沟通的科普宣传要从“应急式”向“常态化”转变，将科学常识与思维方法融入公众认知体系，区分人群，针对一般公众、利益方、对抗势力三类不同群体进行公众沟通，因人制宜，分类施策，争取关键少数的理解与支持，对30千米范围外人群也不可忽视。第五，对于因设置邻避设施而受到影响的民众，要给予合理而充分的赔偿及身心补救。利益补偿从“博弈型”向“共享型”转变，增强公益性项目补偿的科学性、民主性和透明度，实现从“公众参与”到“共同决策”的转变，推动公民参与和补偿机制的完善。第六，舆论引导从“单向发布”向“多层互动”转变，精准引导舆情，有力管控舆论，善管善用各类媒体，因时因事确定策略。对邻避项目这一敏感领域，所涉各部门都需要增强公众沟通与舆论引导意识，事件处置与信息发布同步同调，完善舆情处理机制。

6.2　核应急中媒体的作用及引导

当今社会的电子信息网络无处不在，各种自媒体和网络平台十分发达，使我们快捷了解和沟通信息的同时，也滋生了大量的信息污染甚至引发公众恐慌。智能手机的普及以及其他便携智能电子设备应用的日益广泛，使得民众获取信息的渠道从以前的广播、报纸、电视或电脑，逐渐转移到手机小程序（app）、微信、微博、抖音和各种小视频，还有很多线上人工或智能沟通平台取代了电话沟通。当前互联网正在把世界变成一个“地球村”。数据显示，截至2017年12月，我国网民规模达7.72亿人，网络普及率达到55.8%，超过全球平均水平（51.7%）4.1个百分点，超过亚洲平均水平（46.7%）9.1个百分点。我国在线政务服务用户规模达到4.85亿人，占总体网民的62.9%。自媒体时代，微博、微信拓宽了公众的舆论场，意见领袖占据了信息高位，其作用和影响不可小觑。在这样的时代背景下，核应急公众沟通要与时俱进，完善媒体和网络沟通平台，使核领域公众沟通的渠道更加通畅、迅捷、高效、多样化。媒体在核应急处理中的主要作用有：搭建线上沟通平台，促进民众对核的认识，协助完善核应急心理防控体系并开展舆情防控和公众心理沟通，预防公众心理危机状况的发生。

6.2.1 搭建线上沟通平台，促进民众“核”认知

搭建线上沟通平台，要充分利用新媒体技术，建立良好的媒体合作关系，促进舆论环境良性发展。如何充分利用新媒体技术和平台？以微博为例，首先，以往传统的沟通方式多是单向宣传，互动性弱，而自媒体时代舆论主导权逐渐向公众转移，其中微博受众广，话语空间大，传播快，信息流通自由，消弭了传统媒体环境下社会话语权和信息传播权的中心化状态，已成为重要的舆论场之一。核事故发生后，利用微博同步通报事故信息和防护信息，引导舆论动向，可作为一项重要的公众沟通方式。其次，微博利用裂变接力式的网络传播，具有交互性、即时性和迅捷性三个优势，且微博开户门槛低，兼具娱乐性和趣味性，绝大多数公众都可以在微博上接受信息并传播信息；微博字数限制使得博文简洁精练，公众可以快速阅读，轻松获得关键性的结论性内容，符合目前社会的快节奏和公众的接受习惯。鉴于以上微博本身的特点，借助微博做公众沟通，容易形成丰富多样、寓教于乐的公众宣传和沟通，提高互动性，促进公众参与，拉近

核电安全与公众的距离，使得公众沟通更加有效。最后，在近些年核电公众信任度不理想的情况下，微博会自发形成有号召力的所谓的“意见领袖”，有可能会误导公众，故核应急公众沟通体系不可忽视微博平台的舆论力量，需要主动与微博等网络平台建立良好的合作关系，如开通微博，建立关系网，注明标签和设置，引入核领域专家和公众沟通团队，必要时主动成为微博意见领袖，引导舆论环境的良性发展。

搭建线上沟通平台，还需要在沟通方式、沟通策略和沟通内容等方面进行完善。第一，改变沟通方式，利用新媒体、新技术讲好核电发展故事，提升核电科普的影响度。传统核电公众沟通重视知识内容，却缺少丰富的沟通形式，尤其是视觉形式，新媒体时代的微传播场景与公众的碎片化阅读习惯，使形象识别系统的重要性明显增加。好的视觉形象通常给公众留下的印象更为深刻，图片和影像也更能引发公众互动。比如，运用可视化形式展示核电利用的生活化场景，形象展示核电环保属性等。又如，中国核电搭建的“公众沟通云平台”，其中装载了公众沟通相关的典型案例、信息公开模板、科普动画宣传等；同时，利用线上平台，使不同层次、不同部门的宣传信息保持高度一致性，对于某些关键问题的信息公开口径统一，保证了公众沟通信息的权威性；对于同质化的内容，实现科普图文视频信息的资源共享，不仅保持了沟通的一致性，也节约了沟通成本。第二，改变沟通策略，包括两点：① 转变沟通方向，从知识科普走向情感培育，可以拉近核电与公众的距离，增进公众对核电的积极情感的培育和唤醒，提高公众对核电的兴趣和认同感。研究发现，核电与公众日常生活缺乏交集是建立公众对核电的积极情感联系的主要障碍，但并非所有的积极情感类型和强度都适合于核电公众沟通，故调动公众积极情感须灵活谨慎地操作，适时适度地宣传沟通。② 尝试跨界合作，开创沟通新通道。可借助公众日常的用品，用跨界合作等新颖的形式走进公众日常的生活。例如，2018 年大亚湾核电基地向公众推介中国自主三代核电技术“华龙一号”和民族品牌华为荣耀手机，激发了公众对民族品牌的自豪感，被称为“不可思议的跨界”，成为热门话题，引发了千万人的线上围观互动。第三，调整公众沟通内容，促进公众核认知。随着公众参与意识的增强，传统公众沟通的内容范围在逐步扩大，不但需要公开核事故相关信息、动态、措施政策，宣传核辐射防护相关知识，促进核应急公众认知，更需要利用新媒体的传播优势，加强和落实社会调查，获取公众最关注的信息和最真实的想法，给予及时、有效、科学、权威的回应和沟通，才有可能达到满意的公众沟通效果。

6.2.2 预防公众危机，配合舆情应对

某核电舆情调查研究表明，传统媒体方式仍是目前国内公众舆情应对的主要渠道之一，如电视或广播、报纸、标语以及传闻等，公众对正规网站、政府公告的信任度不高，更愿意只将它们作为一种参考，但出于对舆情的担忧，会通过多种渠道来确认消息的真实性，如询问身边的朋友等。其中，城镇居民更多通过“电视或广播、报纸、标语、横幅等”传统方式获取核电知识，学生和其他青年群体从新媒体中获取的核电知识较多；乡村居民通过“宣传册”获取核电知识的比例（15.18%）约为城镇居民（3.33%）的 5 倍。在了解核安全新闻的方式上，喜欢使用微博、微信的人群占 47.64%，其中女性比男性多；喜欢使用科普宣传册的人群占 40.14%，喜欢浏览网页的占 32.46%，喜欢观看科普视频的占 28.45%，

还有20.42%的人喜欢其他的方式。在正确对待舆情方面，学生正确应对舆情的比例较高，达81.82%；居民、工人及个体户在45.37%~58.33%之间；乡村居民正确应对舆情的比例为城镇居民的2/3左右；而在个体户中，有4.55%的人选择一起传播谣言。可见提高网络媒体在核电公众沟通中的日常作用，是核事故舆情应对的基础建设之一。

根据芬克（Fink）提出的危机阶段模型，群体性危机事件分为四个阶段：危机激发阶段、危机凸显阶段、危机减缓阶段和危机消除阶段。通常会用群体性事件中参与的个体数量，即参与行为的群体规模来判断危机严重程度和发展阶段。危机事件中的群体，是一种非正式并且不稳定的群体结构，是由原本不具有相关性的公众个体，在短期内因相似的情绪、诉求和驱动而形成的，通常会自发形成隐性的群体规范，并对群体成员造成一定压力，促使其产生相应的行为。有学者以2011年日本福岛核事故为对象，得出了群体抢购行为的动力演化模型。研究认为，个体参与抢购是受其内在需要的驱动，为了满足自身的生命安全需要和生理需要，个体会忽略由于抢购成本增加而带来的价值损失；同时，个体的行为决策还受到外在环境因素的综合影响，包括群体内部作用力和群体外部作用力，这两种作用力都是通过影响中介变量，即抢购心理预期价值判断进而影响个体行为决策的；最后，媒体对危机事件大量非科学的报道、群体内部消息的非正式传播和恐慌情绪的感染以及政府部门应急措施的滞后，都会推动群体危机事件的爆发。危机激发阶段的重要特征是谣言的产生和传播。例如，抢盐事件是从一条网络谣言短信“日本核泄漏将影响亚洲邻国”开始，紧接着我国某主流网络媒体邀请的专家称“服用稳定性碘可防辐射”，这为“吃含碘的食用盐可防核辐射”“日本核辐射会污染海水导致以后生产的盐都无法食用”等后续谣言提供了“专家建议”。此时，政府应急处理尚未启动，在各种恐慌言论和行为的暗示下，抢购群体迅速自发形成和扩大。群体内部作用力包括群体心理暗示、群体情绪感染和群体行为模仿等；群体外部作用力如政府、媒体、商业等推动了群体规模的急剧扩大，如媒体会对愈演愈烈的抢购行为进行大量报道，此刻这些报道往往无法起到危机疏导、遏制作用，反而会渲染社会混乱，加剧公众恐慌，于是危机进入凸显阶段。随着事态严重性的增加，国家原卫生部、工业和信息化部、商务部等开始加强应急处理，如发布权威信息，打击造谣、哄抬价格等违法行为，采取限购、市场监管、资源调度等实际措施。各大媒体开始配合政府舆情应对，媒体关注的焦点随之从群体抢购的发展态势转移到各部门的应急措施和正确信息的传播，如原卫生部和中国疾病预防控制中心发布“如何通过科学服用稳定性碘来预防辐射”“过量服用碘的危害性”“通过食用碘盐来预防放射性碘摄入的不可实现性”等；在百度搜索中输入与“盐”有关的关键字，会直接显示政府关于食盐的正式通告等。在积极有效的舆情应对下，此次群体危机事件在 3 天内就得到了控制，进入缓和与消退阶段。回顾此次公众事件，媒体和网络平台的存在与导向，在公众危机激发、凸显、缓和与消退的每个阶段均起到了极为重要的作用，为今后预防公众危机和舆情应对提供了重要参考经验。

6.3 核应急公众心理沟通方法

核应急下的公众沟通，不但要与公众进行核辐射相关信息的沟通，更要对核应急情况下的公众心理、行为、态度和公众参与等方面进行沟通，以有效地配合核应急处理，避免公众危机事件的发生和升级。本节主要介绍核应急公众沟通中的态度理论、风险沟通与公众沟通障碍及对策。

6.3.1　态度理论与风险沟通

态度是指个体对某对象（人、事或物）持有的一种较稳定的内在心理倾向，由认知、情感和行为倾向三种成分所构成。其特征有社会性、主观性、动力性、内隐性、复杂性、稳定性等。态度形成的主要因素有个体需要与愿望的满足、知识和信息、个人所属团体、个性特点以及社会文化特征等。影响态度改变的主要因素有个体原有态度体系特点和个性特点，个体与团体的关系，宣传者的权威性和个性特点、与被宣传者间的关系，以及宣传的形式、内容、方法和要求等。态度改变的主要方法有：增加接触、角色扮演、利用团体规范、社会文化影响等。态度改变在社会认知、社会交往和公众沟通中有重要的意义，态度改变的本质乃是个体的继续社会化。

态度理论有四种类别。① 强化论：包括古典条件反射理论、操作性条件反射理论和学习理论。② 功能理论：以卡茨（D. Katz）于 1960 年提出的功能理论为代表，该理论指出态度有四种功能，即适应功能、价值表现功能、自我防御功能和知识功能。③ 态度改变三阶段理论：由科尔曼（H. Kelman）于 1961 年提出，他认为个体的态度改变需要经由服从、认同、内化三个阶段而达成。④ 认知论：主要指 1961 年谢里夫与霍夫兰德提出的信息传递理论和社会判断理论。这里主要介绍影响力较大的第四类理论。信息传递理论认为，在信息传递过程中，影响态度变化的主要因素有信息发布者提供的信息的可信度、信息的内容结构、受信者特点、受信者参与的传递活动等。该理论兼顾了态度改变的强度和方向的影响因素，着重从外部影响出发，探讨影响态度改变的外部机制问题，其中得出信度高比信度低更能引起态度变化的结论。社会判断理论认为，影响人们对事物判断的重要因素是参照物。个体态度分为态度接受区域、模糊区域和拒绝区域，必须了解一个个体的态度区域，才有可能影响他的态度改变。比如，当个体通过判断感知到新的观点或主张位于自己的态度接受区域中，或有时位于带有潜意识性质的模糊区域中时，就会接受这种新的观点或主张，并相应改变原有的态度；相反，当新的观点或主张位于个体的拒绝区域时，其则不会发生态度的改变。该理论着重强调的是态度改变的强度和探讨影响态度改变的内部机制问题，对态度改变方向上的探讨不多。在信息传递理论和社会判断理论的基础上，霍夫兰德进一步对态度改变过程中涉及的各因素加以系统考虑，兼顾了内部机制和外部机制，提出了态度改变-说服模型。该模型对影响态度改变的各因素做出了较全面的论述，即态度改变的过程实际上就是外部信息作用于个体的社会判断，进而对个体的态度产生影响的过程，这一影响可能导致态度发生改变或不改变。

按照态度改变-说服模型，态度改变的过程有四个组成部分。第一部分是外部刺激，由传递者、传播和情境三要素所组成。传递者是指持有某种见解并对外传输这种见解的个人或组织；传播指以某种渠道将信息传递给靶对象，传递效果受信息内容和流通渠道的合理性影响；情境是指对信息传播和接收的活动过程有影响的外部环境，包括外部环境支持和情感支持，以及社会文化因素等。第二部分是被说服对象，信息传递效果很大程度上取决于被说服对象的主观意识。第三部分为中介过程，指被说服对象在内外机制影响下发生态度变化的过程，包括信息的学习、情感的迁移、相符机制、反驳等方面。第四部分为说服结果，即发生态度改变与否。态度改变失败的常见原因有信息可信度低、信息传递过程障碍、双方关系不佳、被说服者态度坚决、风险-利益失衡、不良情境因素过多等。参考态度改变-说服模型，思考公众沟通中信息传递的四个部分，分析公众态度改变的内部和外部机制，关注信息沟通的中间过程和相关情境因素，对成功开展核应急公众沟通有重要的指导和借鉴意义。

风险沟通是指个人、团体和机构间交换信息和意见的互动过程，这个过程不仅直接传递与风险有关的信息，同时还表达对风险事件的关注、意见和相应的反应，以及发布国家或机构在风险管理方面的法规和措施。风险沟通发展到今天经历过四种模式：忽视公众模式、风险解释模式、风险对话模式和合作参与模式。这意味着风险沟通由早期单向的线性模式，即决定、宣布、解释辩护模式发展为关注双向互动、强调公共参与的多元循环模式，这也是核电公众沟通遵循的核心发展理念。最早的忽视公众模式有一个潜在的前提假设，即社会公众是无知的，公众意见是不值得参考的，这种模式已基本难以在当今社会适用。风险解释模式对公众的平等尊重有所提高，但仍然以专家和政府的权威力量为主，难以取得理想的风险沟通效果。目前，多数国家在逐步适应和调整为风险对话模式及合作参与模式。风险对话模式旨在引导公众进行平等对话，不把非专业人士排除在公共事物和公共风险之外，重视公众的利益感知和风险感知，鼓励公众的积极参与。合作参与模式对社会形态的发展要求较高，公众参与意识和合作程度更高，发展中国家还普遍难以达成和实现。

有学者研究认为，关系质量在合作参与模式中至关重要，因为风险沟通的主体关系已经从最初致力于改变公众对风险的看法、提高风险接受度和消解风险担忧，转变为调和政府、企业、科学界和公众之间的矛盾，故需要通过沟通促进多元利益相关者的对话和伙伴关系的形成。在这个过程中，关系质量则成为一个重要的中间变量。研究认为，关系质量是描述主体间关系的一个新概念，由信任、公平和沟通三个主要维度构成，具有内容效度和结构效度，能够用于解释风险沟通中的多主体合作效果。其中，参与主体的合作态度通过影响关系质量，对风险沟通中多主体合作效果产生显著影响，同时，这也意味着参与者高水平的合作能力是建立高质量关系的重要因素。比如，风险沟通合作效果较差的项目，会呈现较低的关系质量和更高的项目风险，甚至可能带来项目停滞。这提示我们要更多地关注主体合作能力和关系质量方面的研究。此外，有学者提出，比较适合我国的模式是政府主导的风险沟通模型。该模型中，政府处于核心枢纽位置，联结了技术风险和感知风险两个领域。在核安全公共领域中，政府是最具有效力去协调多方主体共同利益的角色，可以保证风险沟通信息在每个环节的流通和传达，能够第一时间调动核能技术领域的专家与核能企业力量，针对风险和危机提出有效的解决方案，在社会领域能保证媒体舆论的引导，稳定公众情绪，维系整个社会秩序的稳定和社会系统的正常运行，较适合现阶段我国的国情和社会发展特点。

核应急中的风险沟通，首先须遵循风险沟通的“4S”基本策略。①Sorry：真诚道歉是风险过错或责任方的一个基本的态度。研究认为，在危机事件中公众反应的决定性因素并非实际的风险程度，而是所谓20种以上的相关“愤怒因素”，此时风险沟通的首要目的是降低公众的愤怒情绪，否则难以进行后续关于风险感知的沟通，真诚的态度必不可少。②Shut up：指尽可能不与受害方争论对错，始终保持倾听受害方心声的姿态，有助于风险沟通向下推进。③ Show：指建立通畅的沟通渠道，表达诚意和尊重，展示风险的真相和应对保障措施。这需要沟通方与媒体建立良好的合作关系，并尽可能利用多种沟通渠道，增加与对方的接触。④ Satisfy：首先，尽可能与受害方的期望值相一致，公布赔偿办法和标准，强化和落实沟通结果，以达到让对方满意的目的；其次，有国内学者按照风险沟通的性质和作用做了分类，将其分为预防型沟通、补救型沟通和救济型沟通，可指导我们根据核事故发生以及公众沟通的不同阶段、不同目标和不同作用，采取不同的策略方向和方式方法。例如，在核事故发生前的“预防型”风险沟通中，促进公众作为合作者、保障公众参与具有重要意义；而在核事故发生后的“补救型”或“救济型”风险沟通中，公众对工程项目“风险—收益”的感知和态度是沟通的核心内容，那么基于“风险—收益”的利益协调则更为重要。再次，风险沟通中须重视合作态度，即合作兴趣、合作风格与合作支持。普遍认为，合作兴趣与合作效果成正比；合作风格是一种对不同合作内容容纳的心理状态，对合作的进程有很大影响；合作支持包括物质支持和情感支持，积极的支持会产生更加开放和积极的合作过程，推动积极的合作效果，影响最终的风险沟通效果。

6.3.2　公众沟通障碍及对策

公众沟通障碍主要表现为信息沟通困难、公众接受度和信任度降低、社会责任感下降、利他行为减少以及群体性盲目行为增多。

影响公众沟通障碍的因素很多，可以归纳为两方面。

(1) 公众沟通机制不健全

公众沟通机制不健全指沟通组织制度不完善，沟通流程和标准不成熟。公众沟通需要一支高素质的队伍、一套灵活的工作机制和完善的科普宣传标准与流程。队伍建设包括公众沟通领导小组和工作机构、新闻发言人、宣传专员、科普讲解员等。其中，新闻发言人高端沟通团队须由核电高层人员组成，这样可以避免信息不对称、资源调动不足等不利情况。同时，需要整合各种公众沟通资源，发挥新媒体的传播功能，建立数字化的公众沟通和信息共享平台。依据《核电项目前期阶段公众沟通指南》（NB/Z 20617—2021）中科普宣传、公众参与、信息公开、舆情应对的标准流程，建立公众沟通的产品库、人才库、口径库，实现资源共享、信息畅通。以上这些工作机制和组织亟待加强与完善。

（2）公众沟通环境不利

当今我国处于经济转型期，公众事件频发，国内公众沟通信任感不高，而核应急处理中信息专业度高，核电与民众生活联系较少，沟通信息不对称，网络干扰信息多，公众偏见重，认知水平有限等因素，使目前国内公众沟通环境和氛围有待提高，主要表现有：① 公众沟通基础薄弱。我国是发展中国家，人口众多，经济压力大，民众社会责任感相对弱，多数民众在不涉及个人安全或经济利益的情况下，往往不会主动花费时间、金钱和精力，也缺乏足够的兴趣和动力去关注核电知识和参与核电科普活动；民众受教育水平有限，很多知识的获得仍需要靠日常生活经验，而核能无法像电力、燃油等能源一样进入公众日常生活，也就难以被深入了解；此外，国内公众沟通领域起步晚，科普宣传不足，国际反核现象仍普遍等，都增加了国内公众沟通的难度。② 核电项目周边居民心理落差大，“邻避效应”普遍存在。核电项目在运营期间，难免会给周边公众带来各种不便和不利影响，在核电建设、拆迁安置和补偿过程中，项目单位也容易和周边公众发生种种矛盾冲突，从而引发不满情绪，使得公众对核电的信任度和认同度不高，利益感知弱，风险感知强，这种心理落差持续存在，对公众沟通产生不利影响。

应对公众沟通障碍可从以下几方面入手：第一，继续完善公众沟通机制，常态化开展公众科普工作，可参照 PDCA[①] 循环，整合各类沟通资源和标准化科普产品，包括但不限于口径库、讲解词、宣传手册、科普宣传品等，明确重点沟通对象，逐步提高公众认知水平，减轻核应急沟通中的信息理解难度。第二，继续保持和增强对公众沟通中的开放性态度，做好风险沟通，促进公众参与。严格按照《环境影响评价公众参与办法》以及其他相关政策法规，公开项目和应急事件相关信息，保障公众的知情权、参与权和监督权，基于对利益相关群体的信息交流、咨询、参与和授权决策等方面的社会调查，收集公众信息，促进和落实公众参与，才有可能持续获得公众支持，减少公众沟通障碍。第三，需要大力培养适合我国国情的公众沟通和危机干预专业人才，加强培训和演练，提高专业技能和实战经验，确保在核应急处理中有足够的响应能力。第四，要建设和团结好媒体和网络平台，选择适当的沟通媒介、方式和方法，快速实时、透明公开地发布权威信息，强化宣传，汇集媒体力量，集中发力，正面回应，引导社会舆论，做好舆情防控。第五，推动核电与地方融合发展的理念，核电项目与周边地区协调发展的矛盾是公众沟通难题之一，创建“共生、共赢、共荣”的融合发展理念，争取政府和地方的协调支持，为当地民众创造就业机会，实现核电与当地经济的融合发展。

---

① P 代表计划（plan），D 代表执行（do），C 代表检查（check），A 代表处理（act）。

总之，公众沟通在核应急领域的重要性不言而喻，公众沟通需要地方政府、企业、媒体以及专业技术团队的共同配合，需要发挥核应急“常备不懈，大力协同”的精神，以提高社会公众对核电的认同度和接受度，为核电安全高效发展提供良好的舆论氛围和社会环境。

第七章　核应急心理学的应用实践及展望

7.1　核应急心理学应用实践

原子的发现和核能的开发利用给人类社会发展带来新的动力，极大地增强了人类认识世界和改造世界的能力，但核能的发展也伴随着核安全风险和挑战。在安全利用核能的同时，积极回应公众对核能发展的关切，营造核应急和谐心理环境，从核事故中总结经验和教训，提高国家核应急能力，已成为核应急心理学的重要实践方向。

世界上拥有核武器和核材料的国家大多发生过核泄漏等事故，有些事故造成极为严重的后果。其中，苏联切尔诺贝利核事故和日本福岛第一核电站事故造成的影响最为深远，被国际核事件评估组织（INES）评为第7级（最高等级）特大事故。目前，全球有598座反应堆，已累计产生40余万吨乏燃料，过去20年间核材料被盗、遗失事件达2 000余起，核材料走私活动有明显增加的趋势。铀矿山、核工厂、放射性尾矿库导致的环境污染日益加剧，给人类社会带来重大生态环境风险考验。

7.1.1 营造核应急和谐心理环境

核应急和谐心理环境的建设是随着核电事业的发展和核应急工作的不断深入而日趋完善的。构建和谐的心理环境，使“阴影”的影响降到最低，是核应急工作者需长期努力的一项工作。

(1) 消除公众对核事故的过度恐惧

消除公众对核事故的过度恐惧和非理性认知，最重要的就是要消除他们对“看不见、摸不着”的核辐射的畏惧。为此我们应该加强核能安全方面的宣传，揭开核辐射的“神秘面纱”。辐射无处不在，太阳、水、花草树木乃至我们自身都在发出辐射。通常人们所说的核辐射属于电离辐射，它是否对人体造成伤害关键在于人体受到的辐射剂量。事实上，在生活中对人类造成最大辐射的是环境中一直存在的天然辐射，约占 80%；人类受到的辐射只有 20%来自人工辐射。人工辐射来自过去一个多世纪科学家们对原子能的揭秘和使用，其产生的个人辐射剂量变化较大，可以利用辐射防护措施进行良好的控制。人工辐射产生的剂量最主要来自医学照射，约占 98%。在有些国家，医学应用导致的年平均有效剂量甚至与天然辐射源所致的剂量相同。正常运行的核电站的辐射照射在全球辐射照射中的占比是微乎其微的。

对某事物的接受程度会因个人知识水平的不同而不同。心理学家麦克圭尔曾指出沟通信息分为两种：一种强调理解，另一种强调顺从。高智力者易接受前者影响，低智力者易接受后者影响。随着核电科技、防护能力和应急技术等方面技术水平的提高，核事故发生的概率越来越低。要学会科学地引领舆论导向，通过暗示、提示、实验、运行等具体手段化疑解惑，从心理思想方面弱化“阴影”的影响，努力消除“事故”带给人们的心理创伤。

（2）重视沟通在心理调适中的作用

在今后的沟通过程中，要力保信息来源的真实可信，增加信息的流动，多进行科普信息的发布，增加各群体之间心灵的沟通，缓解心理压力，建立和谐的心态、沟通系统和渠道。有效地说服公众，要从信息和情感两个维度入手。

增强中国核电站的信息科普。在日本福岛核事故后，中国全面评估了国内核电厂应对极端自然事件及防范、抵御严重事故的能力。经评估，中国核电厂厂址安全性较高，充分考虑了地震、海啸等外部事件的影响，发生类似日本福岛核事故这样的极端自然事件的可能性极小。而且事实数据也充分说明了这点，截至 2020 年年底，中国核电机组已安全稳定运行累计 350 余堆年，所有机组未发生过国际标准 2 级及以上的事件或事故，且 0 级偏差和 1 级异常发生率呈下降趋势。在近年世界核电运营者协会（WANO）同类机组综合排名中，中国 80%以上指标优于世界中值水平，70%以上指标达到世界先进水平。2019 年，有 23 台运行核电机组达到 WANO 综合指数满分，处于世界领先水平。各方监测数据均表明，中国所有 49 台运行核电机组周边环境放射性水平与运行前的本地数据相比没有变化。

回应公众对核使用的情感关切。公众的情绪、感觉和认识都是在不断变化的，关于“事故”不同人群的心理态度也是不一致的，通过群体间的平等接触和交流，增加他们对现代核技术先进程度、保护设施的安全性能以及核事故处理方式方法的了解。2018 年，我国发布《中华人民共和国核安全法》，该法总结了我国 30 多年来核与辐射安全监管的丰硕成果和监管实践，明确了核安全监管部门的地位，落实了全领域、全环节的核安全责任，完善了核安全法律制度体系，强化了监管法治保障，实现了核安全法律法规体系建设的重大突破。日本福岛核事故发生后，我国制定并发布了《福岛核事故后核电厂改进行动通用技术要求》，在防洪能力、应急补水、移动电源、乏燃料池监测、氢气监测与控制、辐射环境监测及应急、外部灾害应对等方面对“十三五”及以后新建核电机组提出更高的要求。为了确保核安全，中国对核电建设项目提高了准入门槛，按照全球最高安全要求新建核电项目，新建核电机组必须符合三代安全标准，力争实现从设计上实际消除大量放射性物质释放的可能性。这意味着，即使核电厂发生了堆芯熔化的严重事故，也不会造成放射性物质大量释放到环境中，事故影响范围不会超出核电厂厂区的范围。

（3）发挥新媒体对公众舆论的引导作用

在核应急的沟通内容上，要降低知识的理解门槛，用通俗易懂的话语引起公众的好奇与共鸣。可从公众感兴趣的方面切入，这一般集中在历史人文、切身利益及社会热点几个方面。具体而言，历史人文方面，讲述核工业历史及科学家的科研故事，从中穿插与核应急知识相关的内容，使公众在记住这些历史人物事迹时也对相应的知识留下印象；切身利益方面，要以与公众日常生活紧密相关的话题为切入点，先从核应急对公众的重要作用引入，之后详述原理及工作机制，善用比喻等生动的描述方式，打破公众对核应急的“距离感”；社会热点方面，密切关注新闻媒体和社交媒体中涉及核应急的相关报道或舆论热点，借助社会热点穿插核应急知识的科普内容，以引起公众兴趣并展开广泛讨论。

社会与科技的进步决定了沟通载体不能固守旧有的方式。一是核宣传场所、核科普教育基地应紧跟核能行业的发展动态，及时调整更新展区内容和展出形式，采用数字化、多媒体等先进手段把知识具象化，多开展实地体验交流活动，增加普通民众与核“亲身接触”的机会。二是沟通形式也必须跟上新媒体变革的步伐，要利用好现有网络平台，搭建辐射范围更广的线上沟通平台。第十七次全国国民阅读调查显示，2019 年我国成年国民数字化阅读方式的接触率为 79. 3%，移动有声 app 平台成为听书的主流选择，但娱乐化、碎片化特征明显。因此，核能产业要充分利用诸如微博、微信、抖音、快手及其他各种有声 app 等热门平台，以既符合该平台传播特点又让群众喜闻乐见的方式与群众互动沟通，谨防自持“学术清高”。将核应急管理知识传递给公众，应让知识“走下神坛”，这种“接地气”的科普沟通才能让公众真正感受到核安全可被掌握。2017 年，两位“世界旅游小姐”通过网络直播带领全国网友参观大亚湾核电站的活动就是线上线下联动科普的优秀范例。

7. 1. 2　提高核应急能力

人类要更好地利用核能、实现更大发展，必须创新核技术、确保核安全、做好核应急。核安全是核能事业持续健康发展的生命线，核应急是核能事业持续健康发展的重要保障。核应急是为了控制、缓解、减轻核事故后果而采取的不同于正常秩序和正常工作程序的紧急行为，是政府主导、企业配合、各方协同、统一开展的应急行动。核应急事关重大、涉及全局，对于保护公众、保护环境、保障社会稳定及维护国家安全具有重要意义。

（1）完善法规标准体系，保证核应急工作有法可依

依据我国核应急工作全面开展的需要和国际上核应急理念的新发展，借鉴国际原子能机构有关标准和技术规范，统筹规划相关法规标准体系建设步伐，修订部分年代较久的国家法规标准，规划好全国核应急法规标准体系，充分发挥地方的作用，特别是标准建设，可以从地方标准、地区标准再到国家标准逐步推进。虽然现有法规体系和规范标准可基本满足当前核电厂核应急工作的需要，但还需要对核电厂以外的其他核设施予以明确界定和规范。为保证各种核设施应急处置有法可依，应结合《核电厂核事故应急管理条例》的修订工作，研究制定与该条例配套的、有关核电厂以外的各种核设施应急工作的法规、规章和导则，并完善核应急报告等制度。

（2）完善管理制度和机制，提高核应急响应效率

应重视和加强核应急工作的战略谋划和统筹规划，完善核应急管理制度和机制，进一步提高响应效率，以促进核应急工作全面协调和可持续发展。同时，规范核应急管理体系，保证核应急管理机制畅通。对全国的核应急体系进行统一部署和合理规划，明确国家核事故应急办公室、协调委员会各成员单位，各省核事故应急办公室、各核电集团等相关部门和单位的核应急任务、职责和要求，明确相互协同时的权利和义务，对省级核事故应急协调委员会、技术中心、救援中心等部门的设置进行通盘考虑，统一规划各级核应急安全监管与应急平台基础设施建设。完善核电集团公司的应急职责，有效发挥集团公司应急力量。明确各营运单位对核事故应负

责任。落实信息沟通机制，加强与公众的沟通协调。健全核应急资金保障制度，有效保障核应急体系建设和核应急工作的顺利开展。

（3）加强核应急技术研究工作，全面提高应急水平

开展具有自主知识产权的核事故后果评价与决策支持系统的研究开发，包括核事故应急指挥系统建设、核事故应急决策技术支持系统建设、核事故长距离后果评价软件系统建设、核事故应急数据传输与采集软件和专用数据库开发、核事故应急响应评价系统建设、核事故应急基础技术研究、核事故应急专用装备研发、核事故应急情况下舆情策略研究、核应急医疗救治与公众心理援助技术研究及新一代核事故应急关键技术研究。应在全国范围内建设核安全监管与应急统一技术平台，统一全国核设施、放射性废物库及乏燃料运输存储的安全监管与核事故应急技术平台，以确保国家核安全。规范完善全国核应急专网建设，并结合各省实际条件统一标准，逐步建设各省核安全监管与应急平台，同时建设核电集团公司应急指挥平台，加强技术支持能力建设。

（4）加强救援力量建设和演练，提升快速响应能力

全面落实核应急救援力量建设，形成国家、省、营运单位三级应急抢险能力。完成中国核事故应急救援队建设，形成担负复杂条件下重特大核事故突击抢险和紧急处置任务的队伍力量，提高参与国际核应急救援行动的能力。全面落实国家级核应急专业救援力量规范化建设，包括技术支持中心、救援分队及培训基地的建设，并开展能力评估。规范省级核应急救援能力建设，重点包括辐射监测、辐射防护、公众防护行动实施、去污洗消、应急保障等专项救援能力。加强各核电集团公司核事故应急场内快速救援队伍建设，强化救援实战能力；各核设施单位配备专业救援装备，形

成快速自救的能力。

7.2 核应急心理学发展趋势展望

核与辐射突发事件较一般事故，有其特殊的危害结果及心理影响。核能与核技术在工业、农业、医学、环境、能源等领域应用广泛。特别是改革开放以来，中国核能事业得到更大发展。但核能发展伴随着核安全风险和挑战。要更好地利用核能实现更大发展，必须创新核技术、确保核安全、做好核应急。

7.2.1 核设施营运单位人员心理应急原则

对于绝大多数人来说，与创伤性事件相关的痛苦、心理和行为症状会随着时间的推移而减轻。然而，对于核设施营运单位人员而言，症状会持续存在并影响家庭和工作的功能，甚至可能导致精神疾病。核事故发生后，通常伴随急性应激障碍（ASD）和创伤后应激障碍（PTSD）等多种精神障碍的高发。

(1) 尽早干预原则

早期的心理干预（心理急救）应在受灾后的头几个小时、几天和几周内提供。心理急救最重要的内容是良好的心理学护理。此外，心理急救包括：① 减少生理唤醒，鼓励休息、睡眠、正常饮食；② 在安全的环境中提供食物和住所；③ 使受灾者能够得到服务/支持；④ 促进与家人、朋友和社区的沟通；⑤ 协助寻找亲人，使受灾者与家人团聚；⑥提供信息、指导并促进交流；⑦ 观察那些最受影响的人并倾听其心声；⑧ 减少受灾者曾暴露在创伤性事件中的提醒；⑨ 建议减少看/听关于过度创伤的图像/声音的中间报道（例如对受害者的报道）；⑩ 利用现有的信息资源澄清谣言，鼓励受灾者与家庭成员、朋友、邻居和同事进行交谈。如果症状持续存在，则需要重新评估。早期心理危机干预工作的核心任务有：通过提供关于如何满足基本需求的重复、简单和准确的信息，来让幸存者重获安全感；通过冷静的言语、同情心和友好态度，让其重获内心平静；通过尽量保持家庭或社会支持的完整，来让他们重获联结感；通过提供切实可行的建议，引导他们到可有效实施的服务中去，帮助其重获自我效能感。

（2）积极评估原则

来自辐射泄漏的心理和行为问题通常远远超过身体疾病带来的问题，除创伤后应激障碍外，抑郁、焦虑、家庭冲突和躯体化也是常见的精神症状，具体心理表现及针对性心理干预措施包括：① 睡眠障碍、高度警惕、注意力不集中、缺乏安全感是常见的早期心理应激症状。此类问题应该通过教育指导、心理咨询和合理服用镇静安眠药物进行综合处理。② 对健康后续影响的担心与不确定感。有些人担心自己的基因受损，并可能担心其对后代造成伤害。心理危机干预工作者需要告诉受灾者其可能会经历一些常见的反应，如睡眠障碍、食欲减退、注意力下降等，这些都应该在接下来的几周内逐渐缓解。如果这些症状持续存在或开始显著影响他们的工作或家庭生活，则应该及时复诊。③ 自我效能的显著降低，如感到难以保护自己的家庭。短期内，受灾者的吸烟和饮酒行为会增加。因此，反复的关于风险和保护措施的教育将有助于减少恐惧、担忧和痛苦，消除问题行为。④ 由于恐惧感的影响，受灾者常常难以处理或记住信息。心理干预工作中应使用关于辐射的讲义，总结要点并指导如何采取后续行动。

⑤ 针对核事故后最常见的多重特发性躯体综合征（MIPS）患者，医疗和管理原则包括：仔细评估和记录患者关注的细节；聆听患者的恐惧和担忧；建立跟进/会面机制，而不是“如果有问题就回来”；酌情予以专业医疗咨询；及时采取分配碘化钾等保护性措施，其心理价值是巨大的。

（3）团体优先原则

心理危机干预过程必然是一个频繁会面、交流沟通的过程，个体与个体、个体与群体、群体与群体之间的互动在此期间尤其值得注意。需要在严格和准确评估核辐射灾害对于某个个体造成的客观损失及主观心理创伤的严重程度之后，筛选合适的交流沟通形式。一般来说，对受灾程度较轻的个体和救援人员鼓励其采取自然交流形式，如与同事、配偶和朋友交谈等。这可以减少隔离，从而有助于识别持续性症状，增加早期转诊的机会，并可缓解疼痛，帮助恢复社会功能。团体辅导是一个教育的良好机会，包括对创伤的反应，如对灾难、暴力、药物滥用和家庭压力的情绪反应、躯体反应。同时，必须设置环节来有效甄别哪些个体需要额外的援助/干预并进行分类。交谈在同类人群中可能比其在异质群体中更有帮助，因为不同的人有不同的故事和关注点，团体往往倾向于在单一的观点上达成一致。在异质群体中，这可能导致一些参与者感到耻辱和被孤立。而对具有不同核辐射暴露程度的个体进行交流沟通，可能会将核辐射暴露的影响“传播”给低创伤人群，从而导致低暴露个体的更多症状。个体处理亲人的死亡常常有较大的困难，这可能会使得同在一个交流团体的人一起被迫经历死亡带来的恐惧和痛苦。因此，通常最重要的是要避免把那些经历了丧亲的个体和那些经历过危及生命暴露的个体混在一起进行团体心理治疗。

7.2.2 公众核应急心理

重大灾害均可引起公众不同程度的社会心理反应，如果处置不及时很可能造成严重的社会、政治后果和重大经济损失。经验表明，核事故发生以后及时开展心理咨询或放射基础知识宣传教育，使公众对事故有科学、正确的认识，消除精神紧张、恐惧心理和疑虑，可减轻核事故造成的社会心理影响和不良后果。

(1) 完善信息公开制度，明确信息公开时限

首先，当突发核事故时，国家有义务及时向邻近可能受影响的国家或地区进行通报。为使通报的核事故等级与国际核事件等级对应，提高信息对接的效率，我国应当参考 INES 的标准。修订《国家核应急预案》等相关法律法规中的核事故分级方式，以达到标准的统一。其次，对核设施营运单位的信息公开义务要以法律形式明确规定下来。在这方面，法国的丰富经验值得我们借鉴。法国共设立了 38 个核设施“地方信息委员会”，这些委员会被纳入法律范畴且有稳定的经费支持，其成员主要由当地民选议员、企业和工会代表等组成。这些委员会通过长期追踪核设施的安全信息及影响、组织现场参观和定期举行例会，以及就居民关心的问题与核设施营运单位对话等方式，保障核信息透明和公众知情权，使核能产业在法国顺利开展。最后，可借鉴核事故通报制度，对通报时限进行规定，将核应急信息公开的时间具体化，缩短信息公开时间，提高制度的可操作性，做到核应急反应及时化。

(2) 培养优秀沟通人才，加强沟通实践演练

高校是人才培养的主战场，在培养优秀沟通人才方面有着不可替代的

作用。因此，涉核高校应在培养未来的核应急沟通人才上出招，通过改革人才培养模式、创新人才培养方式、科学建构核安全人才协同培养机制等途径，大力培养具有强大沟通能力的多学科交叉复合型核安全人才。科研院所应通过建立政策导向、项目牵引、成果评价、考核激励等机制，激发科研工作者的沟通热情，鼓励他们在完成自己的本职工作之余，走出实验室，通过撰写高水平的科普读物、开展宣讲会、参与科普活动等方式与公众展开近距离的交流，保障沟通交流的质量。涉核企业依照不同的目标对科研人员、职业沟通人士、志愿者等就核应急专业知识和沟通技能两大方面进行定向培训，发现潜在问题并及时纠正，重点在实践操作与模拟演练上下功夫，以真正提升核应急沟通能力。

（3）做好舆情防控，重视沟通对象差异

关于公众沟通的对象要同时抓好核设施周边群众和社会大众两条主线。对于周边群众，首先要对以往存在的一些知识误区进行纠正，逐步化解公众的恐核心理，增强公众对国家核工业事业发展的信心。可联合当地政府部门，采取座谈会、听证会及走访等形式将沟通工作落实到每家每户。其次，核设施营运单位可向周边群众提供合适的工作岗位，让他们亲身参与核电的营运建设，这样既解决部分群众的就业问题，又增强他们对核能发展的信任感。对于社会大众，必须加强核应急信息及相关舆论的监测和过滤机制。核事故发生时，在政府及涉核单位就应急工作进程与公众正式沟通前，各种谣言或猜测就已通过网络散播开来，这对后续应急工作的开展造成巨大阻碍。因此要紧紧抓住舆情防控时机，对各种信息加以监控、过滤和筛选，并制订相应的舆情应对方案以及时遏制不实信息的传播，使社会大众更多地接触到客观、正确的核事故信息。最后，核应急沟通还应倡导“区别对待”，按照不同的年龄、阶层选择合适的沟通载体并搭配相应的沟通内容。过往那些主要面向院校师生、核科研人员及各行各业有影响力的人物的沟通应继续推进，因为他们具备一定的科学知识，可以较快地理解和接受新事物，以他们为基础进行从“点”向“面”的传播，形成舆论导向影响大众。而那些往常鲜有机会参与核应急沟通的人员，则是新形势下的重点培养对象，要最大限度地为他们创造沟通机会，引发探索兴趣，提高核应急沟通能力。

（4）重视心理建设，破解邻避效应

要消解公众长期以来对核沟通的抵制情绪，破解邻避效应，必须重视公众心理建设，可以先从情感基础入手。共同的情感基础是朝同一方向努力的前提。通过展示中国核工业的显著成就，弘扬核工业人的爱国精神和奉献精神，激发公众强烈的集体主义情感，强调核工业所肩负的国防建设与国民经济发展的双重使命，唤起公众内心的自豪感与认同感，使公众积极参与到核应急管理事业中来。此外，公众心理建设还需要完善相关利益补偿协调机制。通过建立该机制，规范利益补偿的程序、条件和力度，以制度形式最大限度地保障公众的个人权益，降低公众对核事故风险的心理预期，从而更好地推动公众协调个人利益与社会利益的关系，形成公众个人利益服从社会利益的良好局面。

7.2.3　核应急心理的传播与普及

（1）完善核事故心理预警指标

在核应急心理的传播与普及中，应该强化心理应急管理工作。当核事故发生后，核应急工作范围不能仅限于突发事件，工作对象也不能局限于出现心理症状的个体。要避免心理危机工作“重急救，轻预防”的倾向，树立“治未病”的理念，立足于促进核应急心理的传播与普及，防患于未然，使工作有的放矢。可以从患有应激性心理障碍的潜在人群、突发事件的性质和人员暴露程度、心理应激反应的全过程三个维度，完善心理危机的预警指标，构建全员覆盖的立体综合预警体系。

第一，梳理核事故中应激性心理障碍的易感人群和重点关注人群，把握导致心理危机的关键性因素。现有研究发现，因人格因素、成长经历等不同，部分民众对某些核事故存在易感性。同时，就突发事件中人员暴露程度而言，应该重点关注亲历者、患者及其家属、病亡者家属、一线工作者（医护人员、核工作者、救援人员、新闻媒体记者等），以及特困老年人、低保人员、困境儿童等人群。要将价值观歪曲、心理安全感丧失、家族性疾病患病史、家庭功能不全、精神疾病患病史、既往突发事件经历、内向偏执等心理因素及其重要的观测指标纳入预警体系之中。在此基础上，总结这些人群的共同心理特征及其变化规律。

第二，根据核事故的性质和暴露程度，甄别出导致应激性心理障碍的高危因素。核事故的性质决定着民众受影响的程度；核事故中人员的暴露程度会影响该事故在民众中的波及范围。要根据核事故的性质，抓住应激性心理障碍的高危致病因素，如当事人对核事故的可接受程度、主观预期、回避问题的思维导向、情绪应对策略、不确定接纳程度等。按照暴露程度的不同，分类引导，重点做好高暴露人员的心理危机预防工作，积极做好高暴露人员家属的心理疏导工作，降低暴露人员的“替代性创伤”风险，主动管控好核事故相关信息的传播和扩散，防止重大“次生心理创伤”发生。

第三，把握心理应激反应的全过程，分阶段梳理诱发心理危机的重要因素。在心理冲击阶段，准确把握核事故后民众害怕、焦虑、不安、恐慌、恐惧等不良情绪的变化，评估个体多元化情绪缓解的方法及其调适能力；厘清表现出的非理性认知，抓住信谣传谣的关键性因素；注意负性情绪的情感强度及感染性。在心理恢复阶段，摸清个体的社会支持状况；梳理民众心理支持的需求点，了解民众对情感支持、物质支持、保障支持的获得感；评估民众对核事故产生的无助感、无力感和无望感，重视民众的自杀意念以及实施行为。在心理重建阶段，了解民众对心理问题的应对方式及其能力。引导民众建立解决问题的思维导向，了解民众愿意解决和主动解决问题的意识，评估民众解决问题的自信心。

（2）健全核应急心理危机防控体系

第一，树牢“治未病”的防控理念，增强心理健康自我管理意识，树立“每个人是自己心理健康第一责任人”的理念。总结不同类型突发事件的心理防控工作经验，正确识别应激性心理反应和情绪表现，科学解释其中的心理规律，普及推广科学的“心理药方”。在大数据背景下，贯通线上线下，注重核应急预警指标的动态化监测，实现信息的共享共治，并及时排查预警指标的突变状况。重视积极心理健康文化的营造，优化心理健康宣传和传播形式，浸润积极心理健康的理念和正确的价值观念。强化各类突发事件心理应急预案的制订和演练，确保“早发现、早报告、早治疗”。

第二，发挥家庭对疏导核应急心理的关键性作用，打通部门之间的管理壁垒，整体部署，实现联动联通，协同推进，构建快速、高效的核应急心理处置机制。家庭是社会的基本细胞，核应急心理的防控和管理离不开家庭的作用。不仅各个社会服务部门之间要实现整体联动，协同防控中社会服务部门与家庭的联结也应加强。在不同的人群中完善“家庭—社区—心理服务机构”“家庭—学校—心理服务机构”等联防联控联动联通机制。健全协同防控、快速反应、高效处置、精准施策、多元化干预的联防联控联动联通机制，及时化解心理危机，防范消极影响的进一步扩大。

第三，把握应急心理发生发展规律，分类引导、分段防控，多元化综合干预。建立和完善心理健康教育、心理热线服务、心理评估、心理咨询、心理治疗等衔接递进、联防联控、联动联通的心理危机援助和干预模式。动员全社会各方面力量，根据不同阶段的心理特点，提出针对性对策。

在心理应激反应阶段，要注意多元化的心理疏导策略，及时宣泄负性情绪，降低负性情绪的感染强度，促进情绪稳定；及时普及心理健康科学知识，引导民众正确、理性地看待困难，增强从正面角度看待问题的自觉性，增强解决问题的信心和决心；积极做好舆论引导，及时发布权威信息，扩大信息传播途径，避免听信传言和谣言，以典型的感人事迹增强社会正能量，营造强信心、暖人心、聚民心的氛围。在心理恢复阶段，家庭、社会和心理服务机构协同提供社会支持。积极吸纳专业人士参与，充分利用心理咨询、团体辅导、心理援助热线、线上通信手段等途径，开展心理危机干预和心理疏导工作；联结广大社工、义工和志愿者，持续地提供情感支持、保障支持等服务，鼓励民众积极自助，促进民众心理复原。在心理建设阶段，家庭、社会和心理服务机构协同引导民众积极面对问题，聚焦解决问题的方法，助推民众现实与心理问题的解决，化解心理困惑，防止心理问题的累积，促进民众压力后成长。

（3）构建社会核应急心理服务体系

党的二十大报告提出要“重视心理健康和精神卫生”。核应急心理服务体系是社会治理体系的重要组成。这就要求我们不能仅仅固守心理健康的促进或心理疾病的治疗模式，而应该从社会协同推进的角度，构建社会核应急心理服务体系。加强核应急心理和危机干预的基础研究，构建契合中国文化的心理援助和干预体系。在中国文化背景下揭示中国人心理健康问题的表现形式和求助方式，构建富有中国特色的心理疏导技术和方法体系，以及符合中国国情的核应急心理危机干预和援助模式。

制订核应急心理与危机干预预案，做到一类一方案。结合时代发展的要求和诉求，总结梳理核事故导致心理危机的高危因素和直接因素，增强危机预案的针对性和实效性。完善核预警体系、应对与处置体系、救助体系、事后恢复与跟踪评估体系，健全应急心理管理体系。加强培训和演练，确保随时能够投入核应急心理援助和危机干预，做到应对有策略、有实招。

建立核应急心理援助和危机干预的专业队伍，加强系统化建设，增强协同能力。加强核应急心理健康专业人才的培养，增强专业人才的理论素养和实践技能。重视基层心理健康服务平台建设，健全各部门、各行业应急心理服务网络，构建依托心理援助专业机构、社会工作服务机构、志愿者服务组织以及政府相关部门、心理专业人员、社会工作者、志愿者、社区工作人员、家人介入的应急心理服务体系。

7.2.4　核应急心理智能化及情绪识别

核应急心理救援涉及情况复杂，时间、地点难确定且应急性强，救援力量需求多且专业性强，社会和心理影响大且后果严重，借助心理智能化及情绪识别，构建前沿的核应急救援体系具有重要意义。

（1）核应急卫生监测平台

为加强和完善我国卫生应急体系建设，很多机构开发过应急平台，其建设中普遍存在重视硬件特别是通信平台的建设，而业务应用和信息系统建设相对薄弱的问题。应急平台建设的关键是从业务而不是技术问题入手，首先需要对突发公共卫生事件涉及的应急业务流程与信息资源进行梳理，对业务功能进行深入策划。卫生部门的调查报告表明，目前的卫生应急装备与储备难以满足有效应对重大突发公共卫生事件或自然灾害事件的需要。

核应急卫生监测平台重点研究针对核与辐射突发事件的侦察、检测、洗消、防护、诊断和治疗，特别是以高技术信息化手段快速准确侦检，判读辐射累及的范围与程度，尤其是相关人员所接受的照射剂量，以消除事件的影响。平台被构建为应急监测、信息传输以及指挥决策的移动工作平台。在应急监测方面，平台可实现核与辐射突发事件的移动监测、技术支撑和指导功能，可实现食品、饮用水和环境污染导致的健康效应的现场监测和分析，完成复杂因素的判定工作。在信息传输方面，平台可在核与辐射事故应急情况下利用各种通信手段互相补充、互相结合构成通信网络，为处理核与辐射突发事件和应急行动提供现场图像、语音及数据等多种信息，保证指挥及决策者掌握现场实时、直观及准确的第一手资料。在指挥决策方面，平台可作为核与辐射事故现场情况下的指挥中心，以此为基础组建现场指挥部，开展现场辐射防护、采样及检测工作，作为现场医学应急救治、转运及救援的指挥平台。下面详细介绍平台的现场应急监测和现场应急通信功能。

1）现场应急监测。核应急卫生监测平台利用便携式核应急监测设备开展现场监测，自动采集、分析并存储现场核辐射监测仪器及车载仪器的核辐射监测数据。平台配备了多种现场核辐射监测设备：① 场所辐射监测仪，用于核与辐射突发事件卫生应急和事件现场辐射污染测量，使用探测效率较高的大体积探测器，同时采用了天然本底去除（NBR）专利技术，可做到人工与天然放射性甄别以及真正的环境级别的 γ 测量；② 多用途 β/γ 射线巡测仪，用于核与辐射突发事件卫生应急中 β/γ 射线污染测量；③ β/γ 射线表面污染监测仪，用于核与辐射突发事件卫生应急中人员、物件及衣物表面放射性核素污染测量，内置 54 种核素刻度，探测效率高，可存储 1 000 组数据，适合应急事件中比较复杂的环境测量，配套有活度测量附件，适合做复杂场所（如人体体表）的擦拭样品测量；④ 电制冷高纯锗 γ 核素甄别谱仪，匹配小型特制铅室，作为车载实验室谱仪，用于核与辐射突发事件卫生应急中食品、液体等材料的 γ 射线放射性活度的测量；⑤ 中子当量仪，用于核与辐射突发事件卫生应急中环境中子剂量率的监测，采用了具有经典慢化形状的慢化球，其方向性好，抗 γ 射线干扰效果佳。

2）现场应急通信。核应急卫生监测平台通过单兵无线数据传输系统，在无障碍物遮挡的情况下，可实时采集 1～3 km 范围内的监测小分队所配备的放射性监测仪器数据、全球定位系统（GPS）坐标等信息，并实时存储至车载服务器专用数据库内，再通过所配套的通信系统传输至国家卫生健康委核事故医学应急中心。采集与核与辐射卫生应急监测有关的专业数据、内容和格式，要求可满足核与辐射卫生应急监测工作的需要。通过有线网络、无线网络的接入并配置无线路由器为核卫生监测平台成员提供网络服务，实现与国家卫生健康委核事故医学应急中心的数据、双向语音及视频传输，必要时可采用海事卫星通信系统实现监测平台与国家卫生健康委核事故医学应急中心系统之间的数据、双向语音传输；通过集群车载超短波电台和集群手持机实现队伍成员之间的通讯联络；通过无线传输装置，将监测平台、队伍成员地理位置及气象参数信息实时传输到国家卫生健康委核事故医学应急中心。

（2）核应急监测分析系统

重特大突发事件应急响应通常面临环境恶劣、资源紧张、信息匮乏、时效性高、心理压力以及利益冲突等非常态化的特殊问题，其现场实时信息纷繁复杂且呈高度动态变化，政府部门之间、社会民众之间、政府与受灾者之间等高度融合、相互关联。应急指令的执行往往导致连锁变化，因此核与辐射突发事件卫生应急需要具有高度时效性、全面性、动态性和交互性的应急监测分析系统。

综合监测分析系统。核与辐射突发事件具有难以预料、事发突然、波及面广、后果严重，引发恐核心理、社会效应，应急困难、投入巨大等特点。全面获取、分析及处理核与辐射卫生应急工作中所需要的现场核辐射监测数据就显得尤为重要。该系统包括即时核应急数据和历史核应急数据，同时可以实时接收国家卫生健康委核事故医学应急中心的指令，并向单兵监测人员发送指挥命令。核应急卫生监测平台能自动识别系统连接的核与辐射专用监测设备型号，自动设置通信接口协议。应实时监控设备工作状态，若设备出现故障或通讯异常，要求给出醒目的提示反馈。自动采集核应急卫生监测平台上的核辐射监测仪器数据，以及单兵系统中所集成的便携式核应急监测设备数据，实现现有便携式核应急监测设备数据传输，对于过于老旧或无数据接口的仪器，可使用手动输入的方式进行数据采集。将采集到的核与辐射卫生应急监测数据，自动保存到车载服务器专用的核与辐射卫生应急数据库内，并进行数据备份，以保证数据的长期安全、稳定和可靠；分析处理采集到的核与辐射卫生应急监测数据，并将结果提交给车载信息展示系统，供现场监测人员查阅。同时，通过平台所配备的有线网络、无线网络或卫星数据通道，将现场最新数据实时传输回国家卫生健康委核事故医学应急中心。核应急卫生监测平台提供现场的实时核辐射监测数据展示功能，包括剂量率随时间变化曲线图、车辆或单兵移动路径上的放射性数据监控、单兵数据回放、环境放射性水平综合评估、人员洗消档案管理等多种核与辐射卫生应急监测专项数据报告。提供核与辐射突发事件信息与监测数据相关联功能，配合监测数据对事件进行综合分析；需要针对重大的核应急监测历史事件，提供详细的数据索引。提供按照时间、设备及监测数据类型等条件对核辐射历史数据进行查询、统计分析的功能，系统参数配置功能包括设备参数配置、系统维护配置、使用者权限设置等。

放射性污染监控系统。核应急卫生监测平台与洗消设备一体化设计，且高集成度，专门负责跟踪监控洗消帐篷内部、洗消人员或物品的放射性污染程度，同时使用电子病历登记，具备快速查询、统计分析、海量存储、信息安全以及数据共享等优势，数据实时传输回卫生核应急指挥车内。系统可设定现场报警阈值及时反馈报警信息；可在现场或卫生核应急指挥车上查看实时监测数据；可对洗消人员的各个部位、洗消物品的各个位置进行详细监测；同时与卫生核应急指挥车的通信连接安全可靠，保密性强，配套设施坚固耐用。

信息展示系统。核应急卫生监测平台利用车载大屏幕电视，显示车载仪器核辐射监测数据、地理信息系统（GIS）电子地图信息、单兵系统视频图像、单兵系统核辐射监测数据、行车轨迹、气象参数等信息。车载实验室显示器显示核辐射监测数据处理结果、数据报表内容等分项信息，并可以随时切换到车载大屏幕显示器。车载办公系统可打印、复印及传真监测数据。结合国内主流 GIS 软件、电子地图和核应急卫生监测平台提供的 GPS 数据进行地图关联分析，需要具备的功能为：① 地图基本操作，如放大、缩小、自由缩放、打印、距离量算及面积量算等；② 核应急卫生监测平台及核应急单兵监测小分队 GPS 查询定位，查看核应急单兵监测小分队携带的核应急卫生监测平台核辐射监测设备的数据，查阅单兵核应急卫生监测平台视频记录；③ 历史轨迹回放，选择车辆和单兵，可以查询特定移动监测点在一段时间内的历史行径轨迹，并绑定该时段内核与辐射卫生应急监测数据；④ 核与辐射卫生应急监测数据按照其值的不同范围以不同的颜色在地图上进行矢量标识分析；⑤ 提供历史数据查询和统计分析，可查询数据生成报表、曲线图及柱状图等。

（3）核应急无线救援系统

基于无线系统的核应急救援方案，可满足特殊条件下的核事故应急救援，包括远程救援指挥中心和远程无人监测终端两部分。

心理救援指挥中心。作为指挥机关和技术支撑中心，心理救援指挥中心可根据现场实际情况及时安排现场行动，并调动相关资源对现场进行支撑。指挥中心安装多媒体视频指挥调度系统，根据需要对不同前沿单元进行指挥调度，既可以指挥核应急救援队和各类分组，还可以指挥具体的单兵行动。多媒体视频指挥调度系统支持多对多语音业务和视频调度切换功能、系统内部点对点短信功能、会议功能及与外部会议的互联功能。后方指挥中心重在软实力建设，包括人员岗位设置及岗位素质要求、全套业务流程、对各种事件的预案、业务流程的效率评估与优化以及指令传达的流畅度等。

远程无人监测终端。为避免核污染对救护人员造成伤害，需要对核污染情况进行远程侦检，远程无人监测终端采用无人机承载传感器，通过无线通信模块方式，实现对核污染区域的安全侦检；通过多传感器融合技术，有效弥补单传感器测量问题和误差，实现飞行高度准确监测；通过立体视觉与三维重建技术，实现障碍物监测和识别，实现有效避障。搭载无线通信模块，根据现场应用环境的不同可进行模块转换，包括公网无线模块、军网专用模块和民用免授权频段模块。在无人机完成任务返航后，可单独安排区域进行洗消处理，避免对人员造成伤害。

（4）核应急情绪识别系统

情绪识别系统可运用计算机信号处理和分析方法对各种情绪状态下的心理、生理或体征行为参数进行特征提取与分类识别，以确认个体所处的情绪状态。目前情绪识别主要通过两种方式：① 外部行为测量法，通过面部表情、语音或姿态等外在行为特征进行识别。② 生理信号测量法，测量呼吸、心律、脑电或体温等生理信号进行识别；虽然生理信号的获取不如前者简单，但具有自发性，不受人为因素控制，更能客观、真实地反映人的情绪状态。随着便携式、无线传输的电生理采集装置的快速发展，基于生理信号的情绪识别研究日渐受到重视并成为研究热点。核应急情绪识别系统应该综合利用这两种情绪识别方式。

基于生理信号的情绪识别研究起步相对较晚，在研究早期，国内外主要采用皮表温度、血压、心电图、肌电图、呼吸作用、皮肤电反应和血容量搏动等自主生理信号进行情绪识别，因此基于生理信号的情绪识别也称作自主神经系统测量。多种自主生理信号的组合可以反映更全面的信息，因此利用这类信号进行情绪识别时常采用多信息融合的方式，利用心电、肌电、皮肤电导和呼吸等多种自主生理信号的时频特征信息融合，对音乐诱发的 4 种情绪进行分类识别，可以达到95%的分类率；但由于自主生理信号变化速率通常较慢，且信号采集的时间分辨率有限，在需要快速识别情绪时，在线系统的实时性和稳健性受到挑战。近年来，随着神经生理学的发展和脑成像技术的兴起，脑信号因其时间分辨率高、功能特异性强等优势被引入情绪识别领域。最常用的测量指标是脑电图，前额脑不对称现象与情绪效价或趋避特性密切相关，可将自主生理信号和脑电信号融合，利用综合信息以提高识别率。然而，脑电采集过程相对复杂，易受外界噪声和肌电等干扰。基于功能性近红外光谱成像的脑血氧参数测量设备因具有便携性好，对噪声、动作不敏感，允许长时间连续测量等优点，开始在情绪识别领域崭露头角。

在外部行为测量中，由于人们展现情绪的手段包括文字、表情、语音、动作、生理信号等多模态的方式，将多模态的生活日志信息应用于情感预测的方式也已经被认为是主流的情绪识别手段。有研究表明，融合了多方面生活日志的模型在情绪识别方面优于仅使用单一数据的模型。对于核应急心理，要做到实时、准确地识别情绪，采集人们多种生活日志数据是未来的重要研究趋势。

参考文献

[1] 国际原子能机构．核或放射应急医学响应通用程序［S］，2005.

[2] 国际原子能机构．用于核或辐射应急准备和响应的准则［S］，2011.

[3] 国际原子能机构．辐射防护与辐射源安全：国际基本安全标准［S］，2011.

[4] 国际原子能机构．核或放射性应急准备和响应［S］，2015.

[5] 国家核应急预案［EB/OL］．（2013-06-30）［2022-08-10］. https：//www. gov. cn/gongbao/content/2013/content_2449468. htm.

[6] 中华人民共和国突发事件应对法（主席令第六十九号）［EB/OL］.（2007-08-30）［2022-08-10］. https：//www. gov. cn/flfg/2007-08/30/content_732593. htm.

[7] 核电厂核事故应急管理条例［EB/OL］.（2011-01-08）［2022-08-10］. https：//www. gov. cn/gongbao/content/2011/content_1860847. htm.

[8] 民用核安全设备监督管理条例［EB/OL］.（2019-03-02）［2022-

08-10]. https://www.gov.cn/gongbao/content/2019/content_5468890.htm.

[9] 潘自强. 辐射安全手册 [M]. 北京：科学出版社，2011.

[10] 苏旭. 核和辐射突发事件处置 [M]. 北京：人民卫生出版社，2013.

[11] 苏旭，秦斌，张伟，等. 核与辐射突发事件公众沟通、媒体交流与信息发布 [J]. 中华放射医学与防护杂志，2012，32 (2)：118-119.

[12] 黄希庭，郑涌. 心理学导论 [M]. 3 版. 北京：人民教育出版社，2015.

[13] 梁宁建. 心理学导论 [M]. 上海：上海教育出版社，2011.

[14] 彭聃龄. 普通心理学（修订版）[M]. 北京：北京师范大学出版社，2004.

[15] 韦有华，汤盛钦. 几种主要的应激理论模型及其评价 [J]. 心理科学，1998 (5)：441-444.

[16] 姜乾金. 心理应激多因素系统（综述）：20 年来对心理应激理论及其应用的探索 [C] //中华医学会心身医学分会. 中华医学会心身医学分会第 12 届年会论文集. 上海：[出版者不详]，2006：6.

[17] 燕建峰. 核与辐射事件中公众心理应激及防护策略研究 [J]. 中国辐射卫生，2013，22 (1)：75-76.

[18] 沈锦丽，宋宇，杨敬荣，等. 核与辐射事故时的心理变化及干预措施 [J]. 辐射防护通讯，2016，36 (5)：33-36.

[19] 郑日昌. 灾难的心理应对与心理援助 [J]. 北京师范大学学报（社会科学版），2003 (5)：28-31.

[20] RICHARD K J，BURL E G. 危机干预策略 [M]. 肖水源，周

亮，译．北京：中国轻工业出版社，2019.

[21] 孙宏伟．心理危机干预 [M]. 2 版．北京：人民卫生出版社，2018.

[22] 范方，耿富磊，张岚，等．负性生活事件、社会支持和创伤后应激障碍症状：对汶川地震后青少年的追踪研究 [J]. 心理学报，2011，43（12）：1398-1407.

[23] 胡艳敏，戴正，张峰，等．核辐射恐慌的主要原因分析及应对措施 [J]. 中国辐射卫生，2014，23（4）：358-360.

[24] 黄乃曦，申中祥．俄罗斯如何开展核电人员的心理测评 [J]. 中国核工业，2015（9）：16-19.

[25] 温盛霖，王相兰，陶炯，等. 四川江油太平镇安置点北川、平武地震灾民 1 周后心理症状分析. 中国神经精神疾病杂志，2008，34（9）：525-527.

[26] 解亚宁．简易应对方式量表信度和效度的初步研究 [J]. 中国临床心理学杂志，1998，6（2）：114-115.

[27] 李元，孙义玲，刘玉龙，等．中国核电厂操纵员心理健康初步调查和分析 [J]. 辐射防护通讯，2010，30（5）：18-21.

[28] 廖海红．中国核电厂操纵人员心理特质的初步探讨 [D]. 苏州：苏州大学，2012.

[29] 马弘，刘津．危机干预：心灵的守护神——心理危机干预专家访谈 [J]. 中华医学信息导报，2005（3）：6.

[30] 孙义玲．中国核电厂操纵人员心理健康测评量表的初步修订，[D]. 苏州：苏州大学，2011.

［31］王宏，刘强，杜立清，等．核事故的公众医学心理学影响与应急［J］．医学综述，2011，17（19）：2941-2943.

［32］吴震卿，李敏，刘玉龙．核电厂操纵员心理干预与一般心理咨询的异同［J］．辐射防护通讯，2020，40（3）：31-35.

［33］吴震卿，李敏，刘玉龙．中国核电厂操纵员常见心理困扰初探及其应对［J］．中国辐射卫生，2018，27（4）：406-409.

［34］吴正言，李敏，刘玉龙．核应急情境下的心理危机干预策略探讨［J］．中国辐射卫生，2018，27（4）：410-412.

［35］燕建峰．核与辐射事件中公众心理应激及防护策略研究［J］．中国辐射卫生，2013，22（1）：75-76.

［36］郑日昌．灾后心理援助的操作策略［J］．中国民族教育，2008（Z1）：24-26.

［37］周华云．核电厂操纵员的心理健康与事故预防［J］．核安全，2004（2）：33-38.

［38］叶常青，徐卸古．核生化突发事件心理效应及其应对［M］．北京：科学出版社，2012.

［39］张皓炎．新冠疫情下的心理危机干预探讨［J］．现代商贸工业，2020（16）：74-75.

［40］刘正奎，刘悦，王日出．突发人为灾难后的心理危机干预与援助［J］．中国科学院院刊，2017，32（2）：166-174.

［41］文荣康．我国突发事件应激心理危机干预的探讨［J］．现代预防医学，2008，35（23）：4628-4630.

［42］秦邦辉，孙艳君，何源．国外重大突发公共卫生事件心理危机

干预措施及启示［J］．南京医科大学学报（社会科学版），2020，20（2）：116-122.

［43］王丽莉．重大灾难性事件心理援助的协作关系探讨［J］．中国社会公共安全研究报告，2017（1）：101-112.

［44］HOFMANN A，盛晓春．EMDR 治疗的初期：基础、诊断与治疗计划（上）［J］．西华大学学报（哲学社会科学版），2011，30（5）：7-14.

［45］陶晓琴．CISD 在心理危机干预中的应用［J］．四川教育学院学报，2011，27（12）：34-36.

［46］陆萍，李敏，吴正言，等．核电厂操纵员整合性心理干预前后的对比［J］．辐射防护通讯，2016，36（5）：41-44.

［47］刘嵋．音乐团体心理辅导与咨询［M］．北京：清华大学出版社，2016.

［48］巴塞尔·范德考克．身体从未忘记：心理创伤疗愈中的大脑、心智和身体［M］．李智，译．北京：机械工业出版社，2016.

［49］陈虹宇，房超．核能环境利益与“邻避效应”：从心理距离的角度出发［J］．中国核电，2019，12（5）：586-590.

［50］刘亚楠，许燕，于生凯．恐惧管理研究：新热点、质疑与争论［J］．心理科学进展，2010，18（1）：97-105.

［51］谭爽．心理资本视角下核邻避危机中公众沟通的策略探析［J］．中国核电，2018，11（3）：317-321.

［52］田愉，胡志强．核事故、公众态度与风险沟通［J］．自然辩证法研究，2012，28（7）：62-68，73.

［53］万永鑫，刘铖，肖凯歌，等．核与辐射安全公众宣传与舆情应

对调查分析［J］. 能源研究与管理，2018（4）：9-12，20.

［54］王彬，陈幼峰，林位华. 论核电站突发核事故中的公众心理防护与疏导［J］. 现代商贸工业，2011，23（13）：240-242.

［55］魏玖长，周磊，周鑫. 公共危机状态下群体抢购行为的演化机理研究：基于日本核危机中我国食盐抢购事件的案例分析［J］. 管理案例研究与评论，2011，4（6）：478-486.

［56］杨丽丽，樊赟. 以小“博”大：微博或可成为核安全公众宣传“新宠”［J］. 中国核工业，2013（10）：38-41.

［57］张家利. 创新思路 做好核与辐射安全公众沟通工作［J］. 中国核工业，2015（11）：40-43.

［58］周伟. 恐惧管理理论视角下灾害社会工作对心理援助的作用［J］. 安徽电子信息职业技术学院学报，2019，18（4）：103-106.

［59］国务院新闻办公室发表《中国的核应急》白皮书［J］. 中国应急管理，2016（1）：32-36.

［60］侯羿，刘冰，刘辉，等. 基于无线系统的核应急医学救援体系研究［J］. 中国医学装备，2021，18（6）：130-134.

［61］江春. 核应急监测中辐射环境自动监测系统的应用分析［J］. 环境与发展，2019，31（9）：165-166.

［62］刘永，刘艺，彭建军，等. 我国核应急公众沟通障碍及应对策略研究［J］. 中国应急管理科学，2020（11）：24-31.

［63］徐卸古，甄蓓，杨晓明，等. 日本福岛核电站核事故应急处置的经验和教训［J］. 军事医学，2012，36（12）：889-892.

［64］张迪，万柏坤，明东. 基于生理信号的情绪识别研究进展［J］.

生物医学工程学杂志，2015，32（1）：229-234.

[65] 张建岗，姚仁太，任晓娜，等．福岛核事故对中国的影响及应急经验 [J]. 辐射防护，2012，32（6）：362-372.

[66] 赵鸣．“切尔诺贝利阴影”与地方核应急心理环境的构建 [J]. 辐射防护通讯，2006（4）：27-29.

[67] 邹旸，邹树梁．我国核应急发展现状与前沿动态研究 [J]. 中国核电，2020，13（1）：114-119.

[68] ELSENBRUCH S, ENCK P. The stress concept in gastroenterology: from Selye to today [J]. F1000Research, 2017, 6: 2149.

[69] HENRETIG F. Biological and chemical terrorism defense: a view from the "Front Lines" of public health [J]. American Journal of Public Health, 2001, 91 (5): 718-720.

[70] HULL H F, Danila R, Ehresmann K. Smallpox and bioterrorism: public-health responses [J]. J Lab Clin Med, 2003, 142 (4): 221-228.

[71] MANN W B. The International Chernobyl Project: assessment of radiological consequences and evaluation of protective measures [J]. Nucl Med Biol, 1994, 21 (1): 3-7.

[72] YOSHIDA K, SHINKAWA T, URATA H, et al. Psychological distress of residents in Kawauchi village, Fukushima Prefecture after the accident at Fukushima Daiichi Nuclear Power Station: the Fukushima Health Management Survey [J]. Peer J, 2016, 4: e2353.

[73] BENHAMOU K, PIEDRA A. CBT-informed interventions for essential workers during the COVID-19 pandemic [J]. J Contemp Psychother,

2020 (50): 275-283.

[74] GANSEL Y, LéZé S. Physical constraint as psychological holding: Mental-health treatment for difficult and violent adolescents in France [J]. Social science and medicine, 2015, 143: 329-335.

[75] REGEV D, COHEN-YATZIV L. Effectiveness of art therapy with adult clients in 2018-What progress has been made? [J]. Front Psychol, 2018, 9: 1531.

[76] BITONTE R A, DE SANTO M. Art therapy: an underutilized, yet effective tool [J]. Ment Illn, 2014, 6: 5354.

[77] STUCKEY H L, NOBEL J. The connection between art, healing, and public health: a review of current literature [J]. Am J Public Health, 2010, 100 (2): 254-263.

[78] BRESLOW D M. Creative arts for hospitals: the UCLA experiment [J]. Patient Educ Couns, 1993, 21 (1-2): 101-110.

[79] BROWN C, OMAND H. Contemporary Practice in Studio Art Therapy [M]. London: Taylor and Francis, 2022.

[80] RAMIREZ K, HAEN C. Amplifying Perspectives: The Experience of Adolescent Males of Color Engaged in School-Based Art Therapy [J]. The Arts in Psychotherapy, 2021 (1): 101835.

[81] KUSHNIR A, ORKIBI H. Concretization as a mechanism of change in psychodrama: procedures and benefits [J]. Frontiers in psychology, 2021, 12: 633069.

[82] PRATAMA Y S, WIBOWO M E, AWALYA A. Group counseling

with psychodrama and sociodrama techniques to improve emotional intelligence [J]. Jurnal Bimbingan Konseling, 2019, 8 (1): 79-85.

[83] ALHAKAMI A S, SLOVIC P. A psychological study of the inverse relationship between perceived risk and perceived benefit [J]. Risk Analysis, 1994, 14 (6): 1085-1096.

[84] DE GROOT J, STEG L. Morality and nuclear energy: perceptions of risks and benefits, personal norms, and willingness to take action related to nuclear energy [J]. Risk Analysis An Official Publication of the Society for Risk Analysis, 2010, 30 (9): 1363.

[85] HART J, SHAVER P R, GOLDENBERG J L. Attachment, self-esteem, worldviews, and terror management: evidence for a tripartite security system [J]. J Pers Soc Psychol, 2005, 88 (6): 999-1013.

[86] STOUTENBOROUGH J W, VEDLITZ A. The effect of perceived and assessed knowledge of climate change on public policy concerns: An empirical comparison [J]. Environmental Science & Policy, 2014, 37: 23-33.

[87] VISSCHERS V H M, SIEGRIST M. How a nuclear power plant accident influences acceptance of nuclear power: results of a longitudinal study before and after the fukushima disaster [J]. Risk Analysis, 2013, 33 (2): 333-347.

[88] 山口摩弥. 東日本大震災に伴う原発事故による県外避難者のストレス反応に及ぼす社会的要因 [J]. 心理医学, 2016, 56: 819-832.

[89] 岩垣穂大. 福島原子力発電所事故により県外避難する高齢者の個人レベルのソーシャル・キャピタルとメンタルヘルスとの関連 [J].

心理医学，2017，57：173–184.

［90］岩垣穂大，辻内琢也，扇原淳. 大災害時におけるソーシャル・キャピタルと精神的健康［J］. 心身医学，2017，57（10）：1013-1019.